上海大学出版社

2005年上海大学博士学位论文 61

(2+1)维非线性系统的局域激发模式及其分形和混沌行为研究

● 作 者： 郑 春 龙

● 专 业： 一 般 力 学 与 力 学 基 础

● 导 师： 陈 立 群

Shanghai University Doctoral Dissertation (2005)

Localized Excitations and Related Fractal and Chaotic Behaviors in (2+1)-Dimensional Nonlinear Systems

Candidate: Zheng Chun-Long
Major: General Mechanics
Supervisor: Chen Li-Qun

Shanghai University Press
· Shanghai ·

摘　要[①]

孤子、分形和混沌是非线性科学的三个重要方面.传统的学术研究,这三部分是彼此分开独立讨论的,因为人们一般认为孤子是可积系统的基本激发模式而分形和混沌是不可积系统的基本行为.也就是说,人们不会去考虑孤子系统中存在分形和混沌行为.但是,上述这些传统观点可能不全面,乃至有待修正,特别是在高维可积系统中的情形.

论文围绕一些具有广泛物理背景的(2+1)维非线性系统的局域激发模式及其相关非线性特性——分形特征和混沌行为展开讨论,这些(2+1)维非线性系统源于流体、等离子体、场论、凝聚态物理、力学和光学等实际问题.首先借鉴线性物理中的分离变量理论和非线性物理的对称约化思想,论文对处理非线性问题的多线性分离变量法和直接代数法进行研究和推广,对形变映射理论进行创新,得到了一些新的结果.然后,根据非线性系统的多线性分离变量解和广义映射解,分别讨论了(2+1)维局域激发模式及其相关的非线性动力学行为.本文研究表明,多线性分离变量方法与广义映射方法甚至Charkson-Kruskal约化方法蕴藏着内在的有机联系.另外,论文所得结果说明混沌和分形存在于高维可积非线性系统是相当普遍的现

① 本文研究受浙江省自然科学基金(Y604106)和浙江省“新世纪151人才工程”基金和浙江省重点学科科研基金资助

象.现将本文的主要内容概述如下：

第一章简要回顾了孤波的发现与研究历史，总结了当前研究的状况，并概述了孤子、混沌和分形三者之间的传统学术关系，列举了一些新的或典型的(2+1)维非线性系统，最后给出了本论文的研究工作安排.

第二章将多线性分离变量法推广应用到若干(2+1)维非线性系统，如：广义 Broer-Kaup 系统、广义 Ablowitz-Kaup-Newell-Segur 系统、广义 Nizhnik-Novikov-Vesselov 系统、广义非线性 Schrödinger 扰动系统及 Boiti-Leon-Pempinelli 系统等，并得到一个相当广义的多线性分离变量解，可以用来描述系统场量或相应势函数，进而讨论基于多线性分离变量解引起的(2+1)维系统局域激发及其相关非线性特性.文中报导了一些典型的局域激发模式，如：平面相干孤子 dromions 为所有方向都呈指数衰减的相干局域结构，可以由直线孤子，也可以由曲线孤子形成，不仅局域在直线或曲线的交点，也可以存在于曲线的近邻点上.而 dromions 格子则为多 dromions 点阵，振荡型 dromions 在空间某一方向上产生振荡.环孤子为非点状的局域激发，在闭合曲线的内部不为零，闭合曲线外部指数衰减.呼吸子则是孤子的幅度、形状、峰间的距离及峰的数目可能进行“呼吸”.瞬子的幅度随时间的变化而快速衰减.周期性孤子在时间或空间上呈现周期性特征.峰孤子在波峰处有一个尖点，其一阶导数不连续.紧致子是在某有限区域上幅值不为零，而在这个有限区域之外幅值一致为零的一类特殊孤波.折叠子是在各个方向同时褶皱的多值孤波.混沌孤子和分形孤子展示出孤波形态中的分形特征和混沌行为.

第三章将双曲函数法、椭圆函数法和直接代数法推广到非线性离散系统及变系数系统，如：Ablowitz-Ladik-Lattice 系统、Hybrid-Lattice 系统、Toda Lattices 系统、相对论 Toda Lattices 系统、离散 mKdV 系统和变系数 KdV 系统等，得到这些非线性系统的精确行波解，如离散系统的孤波解、Jacobian 双周期波、变系数系统的周期波解、孤波解、Jacobian 双周期波、Weierstrass 双周期波解、有理函数和指数函数解等.

第四章利用对称约化思想，提出了一种广义映射方法，突破了现有映射理论只能求解系统行波解的约束，并成功地运用若干(2+1)维非线性系统中，如：Broer-Kaup-Kupershmidt 系统、Boiti-Leon-Pempinelli 系统、广义 Broer-Kaup 系统和色散长波系统等，得到了新型的分离变量解，也称为广义映射解. 然后对广义映射法作对称延拓，发现上述(2+1)维非线性系统丰富的对称映射解. 根据所求得的映射解，我们可以得到丰富的局域激发结构. 事实上，基于多线性分离变量解得到的所有局域激发，用广义映射理论同样可以得到.

第五章，依据第四章得到的(2+1)维非线性系统新的广义映射通解，分析了若干新的或典型的局域激发模式，如：传播孤子与不传播孤子、单值与多值复合的半折叠孤子、裂变孤子和聚合孤子及其演化行为特性等，讨论了一些典型孤子所蕴涵的分形特征和混沌动力学行为. 研究结果再次表明混沌、分形存在于高维可积非线性系统是相当普遍的现象，其根源在于可积系统的初始状态或边界条件具有“不可积”的分形特性或混沌行为，修正了人们长期认为孤波产生于可积非线性系统而混沌、分形只存在于不可积非线性系统的认识局限性. 与此同时，还分析并建立了(2+1)维非线性系统的广义映射解与多线性分离变量解的变换关系.理论分析表明,所有由多线性分离变量法得到(2+1)维非线性系统的局域激发,根据广义映射理论也可以找到.广义映射方法不仅突破了原映射理论只能求解非线性系统行波解的约束,而且有望进一步推广到其他(2+1)维非线性系统,这也发展和丰富了非线性科学的基本理论.

第六章,给出了论文的主要结果,提出了一些未来相关研究工作的设想.

关键词 (2+1)维非线性系统,局域激发,混沌,分形,孤子

Abstract[①]

Chaos, fractals and solitons are three important parts of nonlinearity. Conventionally, these three aspects are treated independently since one often considers solitons are basic excitations of an integrable model while chaos and fractals are elementary behaviors of nonintegrable systems. In other words, one does not analyze the possibility of existence of chaos and fractals in a soliton system. However, the above consideration may not be complete, or even should be modified, especially in some higher dimensions.

In this dissertation, author shall discuss the localized excitations and related fractal and chaotic behaviors in(2+1)-dimensional (two spatial-dimensions and one time dimension) nonlinear systems, which were originated from many natural sciences, such as fluid dynamics, plasma physics, field theory, condensed matter physics, mechanical and optical problems. With help of variable separation approach in linear physics and symmetry reduction theory in nonlinear physics, the multilinear variable separation approach and the direct algebra method were extended to nonlinear physics

---

① The dissertation was supported by Natural Science Foundation of Zhejiang Province (Grant No. Y604106), and the Foundation of "New Century 151 Talent Engineering" of Zhejiang Province, the Scientific Research Foundation of Key Discipline of Zhejiang Province successfully, then a new algorithm, a general extended mapping approach, was proposed and applied to various (2+1)-dimensional nonlinear systems. Based on multilinear variable separation solutions and general mapping solutions respectively, abundant localized excitations and related fractal and chaotic behaviors for (2 + 1)-dimensional nonlinear models are investigated as well as rich evolution properties for these localized structures are discussed. The research results indicate that fractals and chaos in higher-dimensional soliton systems are quite universal phenomena. Meanwhile, it is also shown that one can establish the relationship between multilinear variable separation approach and extended mapping approach, and even Charkson-Kruskal reduction method. The main contents are summarized as follows.

In the first chapter, author outline a brief history and the current state on studying solitary waves and solitons, as well as review the traditional theoretical relations among solitons, chaos and fractals and list some new or typical (2 + 1)-dimensional nonlinear systems. The research arrangements of the dissertation are also given out in the end of the chapter.

In the second chapter, the multilinear variable separation approach is extended and applied to several (2 + 1)-dimensional nonlinear models, such as generalized Ablowitz-Kaup-Newell-Segur system, generalized Broer-Kaup system, generalized Nizhnik-Novikov-Veselov model, general perturbed nonlinear Schrödinger equation, Boiti-Leon-Pempinelli system, and new dispersive long water wave system *etc*. A quite "universal" variable separation formula with several arbitrary function which is valid for a large classes of (2+1)-dimensional nonlinear models is obtained. In terms of the "universal" formula, various localized excitations, such as multi-dromion solutions, multi-lump solutions, multi-compacton solutions, multi-peakon solutions, multi-foldon solutions, lattice dromion solutions, oscillating dromion solutions, ring-soliton solutions, motiving or static breather solutions, instanton solutions, periodic wave solutions, chaotic pattern structures and fractal pattern structures for (2+1)-dimensional nonlinear systems are revealed by selecting appropriate initial and/or boundary conditions. Based on the plots and theoretical analysis, we explored some typical localized excitaions. Dromions are localized solutions decaying exponentially in all directions, which can be driven not only by straight line solitons but also driven by curved line solitons and can be located not only at the cross points of the lines but also at the closed points of the curves. Dromion lattice is a special type of multi-dromion solution. The oscillating dromion solution is a dromion oscillating in special dimensional direction. Ring solitons are not the point-like localized excitations, which are not equal to zero identically at some closed curves and decay exponentially away from the closed curves. The breathers may breath in their amplitudes, shapes, distances among the peaks and even the number of the peaks. The amplitudes of instantons will change fleetly with the time. Peakons have peak points at their wave peaks in which one-order derivatives are not continuous. Compactons with finite wavelengths are a class of solitary waves with compact supports. Foldons are a class of multi-valued solitary waves, which can be folded in all directions. The fractal solitions and chaotic solitons reveal fractal characteristic and chaotic dynamic behaviors in solitary waves, respectively.

In the third chapter, the direct algebraic method based on traveling wave reduction is generalized to solve nonlinear partial differential systems and (2+1)-dimensional nonlinear models with constants and variable coefficients respectively. The tanh function approach, Jacobi elliptic function method and deformation mapping approach are introduced and extended respectively, then applied to several class of nonlinear models, such as Ablowitz-Ladik-Lattice system, Hybrid-Lattice system, Toda Lattices system, relativity Toda Lattices system, discrete mKdV system and variable coefficient KdV system *etc*. by making use of computer algebra. Rich solitary wave solutions and Jacobian doubly periodic wave structures for the above mentioned nonlinear partial differential systems are obtained, as well as abundant solitary waves, periodic waves, Jacobian doubly periodic waves and Weierstrass doubly periodic waves, rational function solutions and exponential function solutions to (2+1)-dimensional nonlinear models with constants and variable coefficients are derived.

In the forth chapter, a new algorithm, i. e. a general extended mapping approach, was proposed and applied to various (2+1)-dimensional nonlinear systems, such as Broer-Kaup-Kupershmidt system, Boiti-Leon-Pempinelli system, generalized Broer-Kaup system and dispersive long water-wave model. A new type of variable separation solution (also named extended mapping solution) with two arbitrary functions, which is valid for all the above-mentioned nonlinear systems, is derived. Then making further the new mapping approach in a symmetric form, we find abundant mapping solutions to above-mentioned (2+1)-dimensional nonlinear systems. In terms of the new type of mapping solution, we can find rich localized excitations. Actually, all the localized excitations based on the multilinear variable separation solutions can be re-derived from the new mapping solutions.

Based on a new universal extended mapping solution derived from (2+1)-dimensional nonlinear systems in chapter 4, chapter 5 is devoted to revealing some new or typical localized coherent excitations and their evolution properties contained in (2+1)-dimensional nonlinear systems. By introducing suitably these arbitrary functions, we constructed considerably novel localized structures, such as solitons with and without propagating properties, some semifolded localized structures with and without phase shafts, and certain localized excitations with fission and fusion behaviors. Some typical localized excitations with fractal properties and chaotic behaviors are also discussed. Why the localized excitations possess such kinds of chaotic behaviors and fractal properties? If one considers the boundary or initial conditions of the chaotic and fractal solutions obtained here, one can straightforwardly find that the initial or boundary conditions possess chaotic and fractal properties. These chaotic and fractal properties of the localized excitations for an integrable model essentially come from certain "nonintegrable" chaotic and fractal boundary or initial conditions. From these theoretical results, one may interpret that chaos and fractals in higher-dimensional integrable physical models would be a quite universal phenomenon. Meanwhile, we have established a simple relation between the multilinear variable separation solutions and the universal extended mapping solutions, which are essentially equivalent by taking certain variable transformation. Therefore, all the localized excitations based on the multilinear variable separation solution can be re-derived by the universal extended mapping solution. The general extended mapping approach not only outbreaks its original limitations merely searching for traveling wave solutions to nonlinear systems, but also be extended to many (2+1)-dimensional nonlinear dynamical systems, which means the mapping approach has been developed and richened to the basic theory of nonlinearity.

Finally, some main and important results as well as future research topics are given in the last chapter.

Key words (2+1)-dimensional nonlinear system, localized excitation, chaos, fractal, soliton

目　录

第一章 绪　论

20 世纪初量子力学和相对论的创立，是物理学，或更确切地说是科学的两次革命. 因为它们提出了突破人们传统思维的新概念，将人类的世界观推进到超越经典的领域. 牛顿创立的经典力学被发现并不始终是正确的，当深入到微观尺度（$L < 10^{-10}$ m）时，应该代之以量子力学；而物体的速度接近光速（$v \sim c = 10^8$ m/s）时，则应该代之以相对论.

现在对线性系统问题，人们已经有了深入的了解和研究. 但是，这些线性系统对于复杂客观世界只是近似的线性抽象和描述. 自然界中错综复杂的现象激发人们去进一步探索其本质，这使得非线性科学得以产生且蓬勃发展. 因为相比于线性系统，非线性模型能更好更准确地描述自然现象从而更接近现象的本质. 由此，很自然地，若干描述真实世界的非线性系统大量涌现，从而使研究这些非线性系统自然地成为现代前沿科学研究领域的重要任务之一.

非线性科学作为现代科学的一个新分支，如同量子力学和相对论一样，将我们引向全新的思想，给予我们惊人的结果. 非线性科学的诞生，进一步宣布牛顿经典决定论的局限性. 正如它指出，即使是通常的宏观尺度和一般物体的运动速度条件下，经典决定论也不适用于非线性动力学系统的混沌轨道的动力学行为分析.

近三十年来，随着人类认识的深入和科学技术研究水平的提高，人们越来越多地发现自然科学和工程技术中普遍存在的非线性问题，其非线性效应可以产生本质上全新的物理现象，称之为非线性现象. 对这些现象的恰当描述，用线性化模型已不能完全反映客观的真实世界，应该取而代之为各种不同的非线性模型，即非线性演化方程[1-7]. 通常非线性演化方程包含非线性常微分方程（对未知函数及其导数都不全是线性的或一次式的常微分方程)、非线性偏微分方程(对未知函数及其偏导数都不全是线性的或一次式的常微分方程)、非线性差分方程(又称为非线性映射或非线性迭代,它通常是非线性常微分方程或偏微分方程的离散形式,它对未知函数的 n 次迭代值都不全是线性的或一次式的)和函数方程(一个函数自身或多个函数之间满足的一个代数关系式). 与线性模型不同,非线性模型不服从迭加原理,不能或者至少不能明显地把非线性问题分解成一些小的子问题而把它们的解迭加起来,而必须整体地考虑非线性方程. 在一般情况下,人们不能靠直觉和简单计算来判断非线性系统的运动特征,特别是当动力学系统的维数越高,耦合程度越强,问题的研究就越复杂和更困难. 非线性科学就是近三十多年来在综合各门以非线性为基本特征的科学研究基础上逐步形成和发展的,旨在揭示非线性系统的共同特征和运动规律的一门跨学科的综合性科学. 继牛顿力学和量子力学之后发展起来的非线性科学正在改变人们对世界的看法,形成一种新的科学观点,促进了一大类新兴学科的诞生和发展,极大地影响着现代科学的逻辑体系. 非线性科学研究的主要范畴是混沌、分形、孤子、斑图,还包括神经网络、元胞自动机和复杂系统[8-19].

特别近十多年来,随着计算机技术的快速发展和计算机代数成熟应用,非线性科学已被深入研究并被广泛应用到诸多自然学科如生物学、化学、数学、通讯和几乎所有的物理分支如凝聚态物理、场论、低温物理、流体力学、等离子物理、光学等等. 这之中涌现了大量的非线性系统. 为此,人们很自然地考虑到: 如何求解描述非线性系统的非线性偏微分方程呢? 非线性系统的解具有什么样的特性呢? ……本论文的内容之一将围绕着这些问题展开讨论.

1.1 孤波的发现和研究回顾

在非线性科学中,孤子理论在自然科学的各个领域里起着非常重要的角色. 孤子理论一方面在量子场论、粒子物理、凝聚态物理、流体物理、等离子体物理和非线性光学等物理学的各个分支以及数学、生物学、化学、通信等各自然科学领域得到了广泛的应用[6-9];另一方面极大地促进了一些传统数学理论的发展,特别是可积系统的研究引起了物理学家和数学家的极大兴趣.

历史上对孤立波的最早报道可以追溯到 1837 年[20]. 那年一次偶然的机会,英国科学家罗素(John Scott Russell)观察到了从爱丁堡到格拉斯哥的运河中浅水面上形成的保持原有形状和速度不变,圆而光滑、轮廓分明、孤立的水波[21]. 随后他又进行了水槽实验研究,得出孤波移动速度 c 与水槽中静止水深 h 和孤波波幅 A 之间有如下关系: $c^2 = g(d+A)$. 由式中看出,波幅较高的孤波其移动速度也较快,但波幅下降到半高度的波宽则较窄. 可惜的是,罗素的发现在当时未能从流体力学方程给以合理的解释,因而未能引起物理学家们的重视. 关于非线性波研究的开拓性工作是 Stockes[22] 和 Riemann[23] 的. 1871 年布森内斯克(Boussinesq)[24] 和 1876 年瑞利(Lord Rayleigh)[25] 假定孤波的尺度比水深大很多,从理想流体的运动方程导出类似关系,并推断孤波波形 $z = \eta(x, t)$ 具有如下形式

$$\eta(x, t) = A\mathrm{sech}^2[\beta(x-ct)]. \tag{1.1}$$

但是当时未能成功地证明并使物理学家们信服他们的论断,数学物理学家也未能从已知的流体运动方程得出这种波形解. 因此后当时有关孤立波的问题在许多物理学家中引起了广泛的争论. 直到 1895 年科特韦格(Korteweg)和德弗里斯(de Vries)才在浅水长波和小振幅假定下建立了单向运动的非线性浅水波方程[26]. 这方程可以用来描述罗素所发现的现象,此即著名的 Korteweg-de Vries (KdV)方程

$$\frac{\partial\eta}{\partial\tau} = \frac{3}{2}\sqrt{\frac{g}{h}}\frac{\partial}{\partial\varsigma}\left(\frac{1}{2}\eta^2 + \frac{2}{3}\alpha\eta + \frac{\beta}{3}\frac{\partial^2\eta}{\partial\varsigma^2}\right), \beta = \frac{1}{3}h^3 - \frac{Th}{\rho g}, \tag{1.2}$$

式中 η 是表面相对于平衡位置的位移（波峰高度），h 为水深，α 是一小待定量，它和流体的运动是否均匀有关，g 是重力加速度，T 是表面张力，ρ 是密度. 若作如下变换

$$t=\frac{1}{2}\sqrt{\frac{\tau g}{h\beta}},\ x=-\beta^{-1/2}\varsigma,\ u=\frac{1}{2}\eta+\frac{1}{3}\alpha, \tag{1.3}$$

则方程(1.2)可以化为无量纲形式：

$$u_t-6uu_x+u_{xxx}=0, \tag{1.4}$$

并在 $|x|\to\infty$ 时要求 η 和 η_x 都趋于0的条件下求出方程(1.2)的孤波解为

$$\eta(x,t)=A\mathrm{sech}^2\left[\left(\frac{3A}{4h^3}\right)^{1/2}(x-ct)\right], \tag{1.5}$$

其中 $c=\sqrt{gh\left(1+\frac{A}{2h}\right)}$，如1.1左图所示. 当 $\frac{A}{h}\ll 1$ 时，这个结果和罗素实验观察到的结果一致. 类似的结果，可由下列 Boussinesq 方程给出.

$$u_{tt}-u_{xx}-\frac{3}{2}\lambda(u^2)_{xx}-\frac{\mu^2}{3}u_{xxxx}=0 \tag{1.6}$$

(1.5)与(1.1)比较，得 $\beta=\left(\frac{3A}{4h^3}\right)^{1/2}$，即孤波波包的宽度反比于 $\sqrt{A}$，

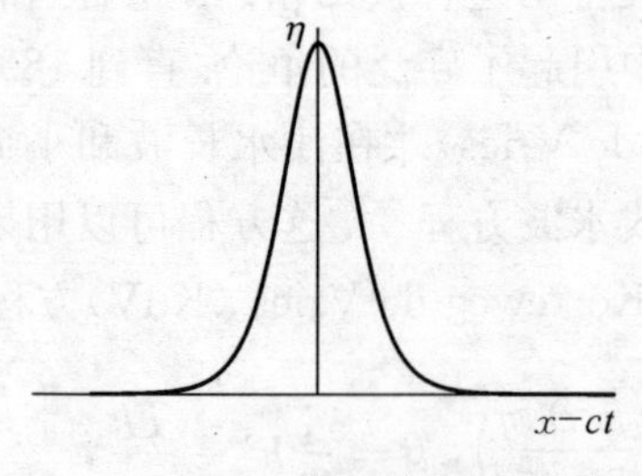

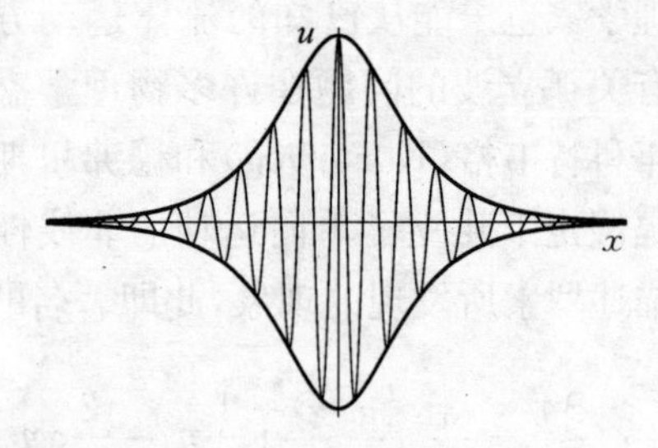

图 1.1　典型钟状孤子(左)和包络孤子(右). A typical bell-like soliton(L) and an enveloped soliton(R)

振幅愈高的孤立波宽度较窄,但移动速度 c 则较快,从而在理论上证实了孤立波的存在. KdV 方程的建立为解析地研究孤立波提供了理论基础. 然而这种波是否稳定? 两个孤立波碰撞后能否变形? 这些问题还没有得到解答,有些人认为 KdV 方程是非线性偏微分方程,解的叠加原理不满足,碰撞后两个孤立波的形状可能破坏殆尽,这种波是不稳定的,因而研究它是没有什么物理意义的,因此孤立波的研究仍处于搁浅状态,还是没有得到很好的解决. 正如 Miura[27] 1976 年所指出的那样,虽然 KdV 方程较早就发现了,但是直到 1960 年之前对它都没有很好应用.

到了 20 世纪 50 年代,人们在流体力学之外的其他物理领域寻找到生机,由于著名物理学家 Fermi, Pasta 和 Ulam 等人的工作[28],打破了这一僵局. 他们将若干个质点用非线性弹簧连接成一条非线性振动弦,初始时这些谐振子的所有能量都集中一个质点,其他的质点初始能量均为零. 按照经典的理论认为: 只要非线性效应存在,就会有能量均分,各态历经等现象出现,任何微弱的非线性相互作用,可导致系统由非平衡状态向平衡状态过渡. 但实际计算的结果并非如此,上述达到能量平衡的观念是错误的 . 经历长时间以后,几乎全部能量回到了原先的初始分布,这就是所谓的 FPU 问题. 遗憾的是,当时只在频率空间来考察,未能发现孤波解,所以该问题未能得到根本解决. 1960 年, Gardner 和 Morikawa[29] 在对无碰撞的磁流波(强磁场中的等离子体)的研究中重新发现了 KdV 方程. 1962 年 Perring 和 Skyrme[30] 将 sine-Gordon 方程用于研究基本粒子时,数值计算结果表明: 这样的孤立波并不散开,两个孤立波碰撞后仍保持原有的形状和速度. 1965 年美国 Zabusky 和 Kruskal[31] 用数值模拟方法考察了等离子体中孤子碰撞的非线性相互作用过程,得到了比较完整和丰富的结果,并证实了孤子相互作用后不改变波形的论断. 1967 年, Toda[32] 把一维晶体看成具有质量的弹簧拉成的链条,研究了这种模式的非线性晶格振动,用牛顿定律先得到差分方程,然后在长波近似和小振幅的假定下得到了 KdV 方程,并解得了孤立波解,使 FPU 问题得到了正确的解答.进一步证实了孤子相互作用后不改变波形的论断,这一有历史意义的重大发现,促使他们把碰撞过程和弹性粒子之间的碰撞过程十分相似的孤立波,命名为孤立子或孤子.

物理上常把孤子定义为系统场方程的一个稳定的有限能量的不弥散解,如果以 $\varepsilon(x, t)$ 表示孤子的能量密度,则有

$$0 < E = \int \varepsilon(x, t) d^m x < +\infty, \lim_{t\to\infty} \max \varepsilon(x, t) \neq 0, \quad (1.7)$$

式中 m 为空间的维数.因而可以将孤子看成场能有限且不弥散的稳定"团块",具有如下性质:(1) 局域性:即可表示成一个固定形式的波;它是局部的、衰变的或在无穷大时变为常数;(2) 粒子性:即可与其他的孤子进行强烈的相互作用,具有弹性碰撞的性质.如果第2点不满足,那么就称之为"孤波".

孤子概念的提出,确切地揭示出这种孤立波的本质,已被普遍接受,并推动了世界范围内孤立波研究的热潮,如1984年,吴君汝等人在狭长的水槽实验中观察到一种新型的不传播孤子[33].他们将水槽置于大功率扬声器下,在单频正弦信号激励下观察到了这个现象.水表面波沿槽宽方向呈现驻波模式,在槽长方向则是双曲正割函数形式的波包型孤波.可以说孤子研究已成为非线性科学的重要课题.

值得指出,KdV方程除了孤立波解外,还可以有椭圆函数行波解,它是空间周期为 L,时间周期为 T 的非线性行波,不具有局域性.此外,除了KdV方程拥有波包型孤波,已经发现还有几类重要的非线性波动方程并具有其他典型类型的孤波,列举如下

(1) 非线性Schrödinger方程[34]

$$\mathrm{i} u_{tt} + \frac{1}{2} u_{xx} + |u|^2 u = 0, \quad (1.8)$$

可以求出孤立波解

$$u(x, t) = 2\alpha \operatorname{sec} h 2a(x - 4\beta t) \exp[-2\mathrm{i}(x + 2(\alpha^2 - \beta^2)t)] \quad (\alpha \neq 0), \quad (1.9)$$

它表示一个被调制了的平面波,其包络线 $2\alpha \mathrm{sec}h2\alpha[\beta(x-4\beta t)]$ 为孤子,故称包络孤子,如 1.1 右图所示.

(2) sin-Gordon 方程[35]

$$u_{tt} - u_{xx} + \sin u = 0, \tag{1.10}$$

并具有两类孤立波解

$$u(x,\ t) = 4\tan^{-1}\left[\exp\frac{\pm(x-ct)}{\sqrt{1-c^2}}\right] \quad (|\ c\ |<1), \tag{1.11}$$

它表示沿 x 轴正向运动的扭结孤子解(相应于取+号)和反扭结孤子解(相应于取-号). 如果取负值,则沿 x 轴反向运动,如图 1.2 所示.

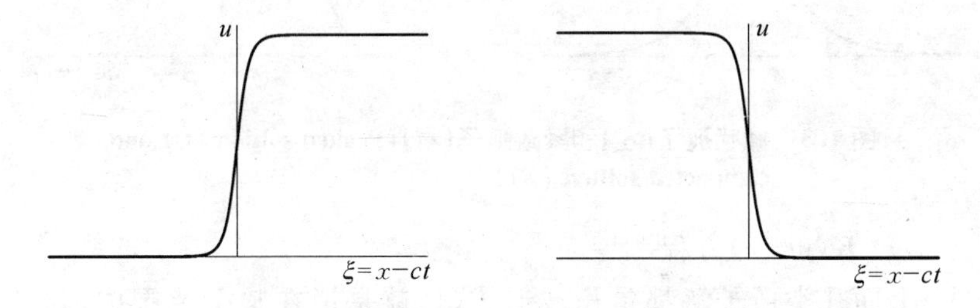

图 1.2　扭结孤子与反扭结孤子. Kink soliton and anti-kink soliton

$$u(x,\ t) = 4\tan^{-1}\left[\frac{m\sin(\sqrt{1-m^2}\,t+c_2)}{\sqrt{1-m^2}\cosh(mx+c_1)}\right] \quad (c<1); \tag{1.12}$$

它表示呼吸子解,描述一种脉动式的扰动,可以用来解释超导体中电子穿过 Josephon 结时的波函数的位相变化问题.

(3) Camassa-Holm 方程

$$u_t + 2\kappa u_x + 3uu_x - 2u_x u_{xx} - u_{xxt} - uu_{xxx} = 0, \tag{1.13}$$

其中 κ 是常数,它是美国洛斯阿拉莫斯国家实验室的 Camassa 和 Holm[36] 在 1993 年推导出的一个浅水波动方程. 当 $\kappa=0$, 他们证明

了这个方程有孤子解

$$u(x, t) = c\exp(-|x-ct|). \tag{1.14}$$

如果令 $\xi = x - ct$，那么 $u(x, t)$的图形如 1.3 左图所示. 从图看到，Camassa-Holm 方程的孤子解在波峰处有一个尖点，故被称为峰孤子. 峰孤子的发现现已受到人们的充分注意[37-45].

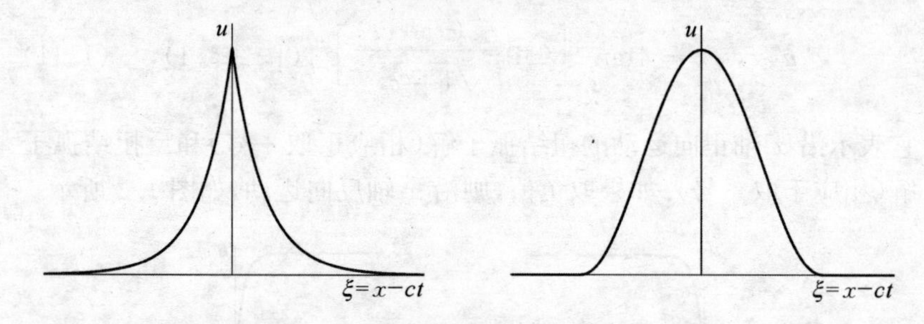

图 1.3 峰状孤子(左)和紧致孤子(右)(Peaked soltion (L) and campacted soliton (R))

(4) $K(m, n)$方程[46,47]

上面几类孤子解都是长波形式，也就是说在整个范围内，其孤子的高度都不为零，但同在 1993 年，以色列的 Rosenau 和美国的 Hyman 为研究液体滴的变化规律，建立了一个非线性 $K(m, n)$ 模型

$$u_t + (u^m)_x + (u^n)_{xxx} = 0,\ m > 1,\ 1 < n \leqslant 3. \tag{1.15}$$

这个方程被称作 $K(m, n)$方程. 对于 $K(2, 2)$方程，他们获得一类新的孤子解，其形式为

$$K(2, 2): u(x, t) = \begin{cases} \dfrac{4\lambda}{3}\cos^2\left(\dfrac{x-ct}{4}\right), & \dfrac{x-ct}{4} \leqslant \dfrac{\pi}{2}, \\ 0, \quad \dfrac{x-ct}{4} > \dfrac{\pi}{2}. \end{cases} \tag{1.16}$$

对于$K(2,3)$，$K(3,2)$和$K(3,3)$，也获得了类似的解. 这样的孤子解被称为紧致孤子. 如果令$\xi=x-ct$，那么$u(x,t)$的图形如1.3右图所示.

所谓的紧孤子就是那些在某个有限区域上高度不为零，而在这个有限区域之外其高度为零的行波. 紧孤子解的发现也已受到人们的充分兴趣[48-55].

(5) Konno-Ichikawa-Wadati方程[56]

以上的孤立波结构都是单值类型，但由于实际的自然现象是相当复杂的，并不完全由当值函数结构能够描述，例如在液体表面和内部形成的气泡、不同的海洋波浪、湍流中的各种各样的涡结构，还有很多的褶皱的生物系统等等. 实际上，在1+1维系统中已经发现有褶皱孤立波的存在，这就是圈孤子(Loop Soliton)解. 最早是由Konno，Ichikawa和Wadati首先在下列方程

$$u_{tt}-u_{xx}+2\varepsilon[(1+u_x^2)^{-3/2}u_{xx}]_{xx}=0, \tag{1.17}$$

中得到，后来1998年Vakhnenko和Parkes等[57,58]在Vakhnenko方程

$$(u_t+uu_x)_x+u=0, \tag{1.18}$$

中发现有单圈孤子和N圈孤子解存在，其单圈孤子形式为

$$u=\frac{3v}{2}\operatorname{sech}^2\left(\frac{\sqrt{v}\xi}{2}\right),\ x-vt=3\sqrt{v}\tanh\left(\frac{\sqrt{v}\xi}{2}\right)-v\xi, \tag{1.19}$$

如1.4左图所示，1.4右图为双圈孤子示意图.

以前，研究人员关于孤子激发模式的研究主要集中在(1+1)维非线性系统中，如钟型或铃型孤子、扭结型孤子、瞬子解、呼吸子解以及一些弱激发模式如peakon(峰孤子解)、compacton(紧致子解)等. 直到1988年，Boiti等人得到了非线性Davey-Stewartson系统中所有方向都指数衰减的dromion解. 从此开始了对高维可积非线性系统的局域激发模式的研究. 但是对有些非线性系统目前也还只能得到代

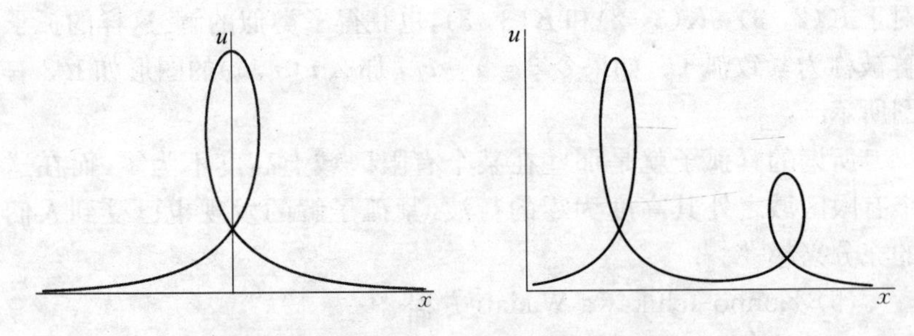

图 1.4　单圈孤子(左)和双圈孤子(右)
(Single looped soliton(L) and double looped soliton(R))

数衰减的 lump 解(团块解),而且只是对某些可积非线性系统才能找到一些特殊类型的 dromion 和 lump 解. 我国同行在这方面作出了杰出的贡献. 如谷超豪院士及其领导的课题组在高维自对偶 Yang-Mills 系统和 Ablowitz-Kaup-Newell-Segur 系统的研究中得到了很多有意义的结果,如得到了大多数方向衰减的局域结构. 最近楼森岳教授成功地发现了大量的新的(2+1)维局域激发模式,几乎涵盖了所有存于(1+1)维非线性系统的局域结构. 但是,对于更高维系统如(3+1)维系统的研究几乎是一片空白. 因此寻找可能的高维的所有方向都局域的激发模式一直是学术界很感兴趣但是又非常困难而少有成就的领域.

因此,在发现或构造得到大量孤子激发模式后,首先需要深入考虑的问题就是这些激发模式具有什么样的相互作用行为? (1+1)维局域激发模式的研究显示,两个孤立波间的碰撞可以是完全弹性的(保持形状和速度不变,允许有一定的相移),也可以是非完全弹性的(改变形状而保持速度不变,允许有一定的相移)或者完全非弹性的(裂变或聚变,即增加或减少孤子数目). 已有的对(2+1)维局域激发模式,主要是 dromion 的研究也得到了类似的碰撞性质. 但是至今没有一个比较系统的方法来构造高维激发模式,特别是严格给出解之间的相互作用行为. 此外,值得强调的是在研究孤子碰撞过程中,还发现了一类比较有趣的现象,即孤子的裂变和聚变现象. 事实上,这类现象是在物理学的诸多领域以及其他领域如流体力学等等得到了观察的重要现象. 在本论文第二章中回顾了多线性分离变量法并推广应用到了若干非线性可积系统中,得到了它们的多线性分离变量解. 在本论文第四章中提出了广义映射理论并应用到了若干非线性系统中,得到了它们新型的分离变量解. 这些解中包含了一些任意函数. 由此引发了我们的思考:这些任意函数是否可以导致一些高维局域激发模式呢? 如果能寻找到新的(2+1)维激发模式,那么它们又会具有什么样的碰撞性质呢? 是否可以被称为孤子激发模式呢? 为了回答这些问题人们得到了许多出乎意料的新发现. 首先是利用解中的任意函数构造得到了大量的新的(2+1)维局域激发模式,最主要的有多 soliton 解、多 dromion 解、dromion 格点解、多呼吸子解、多 lump 解、多瞬子解、多环孤子解和隐形孤子解等. 此外,还把低维的弱激发模式,如(1+1)维的 peakon 解和 compacton 解推广到了(2+1)维中,得到了高维的多 peakon 解和多 compacton 解. 这些新的局域激发模式也如低维局域激发模式一样具有丰富的相互作用行为,可以保持形状不变,也可以全部或部分交换形状,可以有一定的相移也可以没有相移,可以是追赶型的也可以是对碰型的,同样也得到了(2+1)维孤子裂变和聚变现象. 讨论如何严格构造各种复杂的局域结构解的方法,同时阐明了这些解之间的相互作用行为[59]. 本文分别讨论了基于多线性分离解和基于广义映射解的局域激发模式及其分形特征和混沌行为,详见本文的第二章和第五章. 事实上,所有基于多线性分离解的局域激发模式,现在根据广义映射解同样可以得到. 最后,需要指出的是(2+1)维局域激发模式的丰富多样性可以同样地体现在(1+1)维、(3+1)维甚至更高维的($n+1$)维非线性系统中[60-72].

过去对于非线性系统的孤子激发的研究不仅局限在低维系统中,而且主要是针对单值孤子激发的. 但是,在很多情况下,真实的自然现象非常复杂以至于很多现象无法用单值解来描述. 例如,复杂的折叠现象如蛋白质折叠、大脑和皮肤表层以及生物系统中其他各种折叠现象. 最简单的多值波可能就是流体表面上的泡沫或流体内部的气泡. 海洋里各种各样的波也是折叠波. 当然，目前还无法给出非常满意的解析解来描述这类复杂的自然现象. 但是，从一些简单的情况开始研究它们还是非常值得的. 已有的对非线性系统的多值激发研究就是在(1＋1)维非线性系统中找到了圈孤子(loop soliton)激发. 圈孤子激发已经被运用到了一些可能的物理领域中如有外场的弦的弹性碰撞、量子场论和粒子物理. 在我们所知的范围内，只有楼森岳教授领导的课题组开展(2＋1)维非线性系统的多值孤子激发研究. 基于多线性分离变量解得到的另一个发现就是首次发现并定义了高维的多值局域激发模式折叠孤立波和折叠子，在此方向的一点突破大大推进了非线性系统的多值情况的研究，为诸多多值现象的数学解析描述提供了可能的希望. 最近，我们还报导了一种非常有趣的现象：半折叠现象(单值和多值复合相干局域激发)，详见本文第五章第一节中的第二小节. 与单值情况一样，需要考虑多值局域激发的相互作用行为. 研究显示，前面提到的所有新的局域激发模式具有非常丰富的相互作用性质：可以是完全弹性的，也可以是完全非弹性或非完全弹性的；可以有相移，也可以没有相移.

1.2 孤子与混沌及分形的关系

非线性科学的主要内容包含了分形、混沌和孤子. 一般来说，人们认为具有分形和混沌性质的非线性系统是不可积的，而所谓的孤子系统是隶属于可积的. 因此通常国际国内学术界总是把它们分立开来单独研究. 针对非线性科学中的这三个方面，本文探讨性地研究了高维可积非线性系统具有的低维混沌和分形现象，主要是通过适当给定分离变量解和广义映射解中的低维任意函数的具体表示来得到的，为混沌、分形和孤子的结合研究开辟了新的课题. 同时给非线性系统的可积性的定义提出了新的挑战. 在此，先简单介绍一下孤子与混沌及分形之间的关系.

1.2.1 混沌与孤子

混沌(chaos)是决定论系统所表现出来的随机行为的总称，是非线性科学的一个重要研究方向.自从1975年开始，混沌作为一个科学名词在文献中出现.80年代开始，混沌研究开始形成自己的体系，有了一门专门的学科——混沌学，并且更多地被学术界所接受和认可[73].

在19世纪末，法国的数学家H. Poincare做出了前驱性的研究[74]，在研究三体问题时，他发现了在确定性方程描述的现象中存在的复杂行为，在某些情况下一些解的行为有不可预见性.因此他被认为是发现混沌现象的第一位学者.到了20世纪五六十年代，混沌研究出现重要的突破，这主要表现在两个方面.一个方面是以保守系统为研究对象的分析力学，不变环面守恒定理(KAM定理)被公认为创建混沌学理论的历史性标志[75].另外一个方面就是美国气象学家E. Lorenz运用计算机进行一系列的数值计算.他从贝纳德对流出发，利用流体力学的Navier-Stokes方程、热传导方程和连续性方程导出描述大气对流的三阶常微分方程组：

$$\begin{cases}\dfrac{\mathrm{d}x_1}{\mathrm{d}t}=-\alpha x_1+\alpha x_2,\\ \dfrac{\mathrm{d}x_2}{\mathrm{d}t}=\gamma x_1-x_2-x_1x_3,\\ \dfrac{\mathrm{d}x_3}{\mathrm{d}t}=x_1x_2-\beta x_3,\end{cases}\tag{1.20}$$

式中x_1是对流的翻动速率，x_2正比于水平方向流体的温差，x_3是垂直方向流体的温度梯度，α是无量纲因子，称为Prandtl数，β为反应速度阻尼的常数，γ为Rayleigh数.通过数值和理论工作，他于1963年发表了著名的论文《确定性非周期流》[76]，向传统理论提出了挑战.他的工作揭示了一系列混沌运动的基本特征，如混沌系统的非周期性、混沌系统对初值的敏感性以及由此而引起的对系统长期行为无法预测等.由于计算机技术的发展突飞猛进,关于混沌行为的理论已经进入了深入研究阶段,对不同系统、不同具体模型中产生混沌的条件有了深入的了解.目前,研究的目标已经由对于混沌本质的探索部分地转向混沌的应用.这在近年的相关领域的工作中已经成为热点之一[77,78].在20世纪90年代初,人们在混沌的控制和同步方面取得了突破性的进展.关于混沌同步原理及混沌控制方法,在1990年先后提出,前者是由美国海军实验室的学者Pecora和Carroll提出,他们在电子线路上首先实现了混沌同步;后者是由美国马里兰大学的物理学家E. Ott, C. Grebogi和J. York提出,称为OGY方法.同年,该校的Ditto等人利用该法首次在一个物理系统上,即磁弹性体上实现了对周期一的稳定控制.随后,国际上混沌控制方法及其实验的研究迅速发展,混沌同步也获得进一步拓展,大大推进了应用研究,诸如在电子学、机密通讯、密码学、激光、化学、生物、脑科学及神经网络系统等众多领域中,其都有很大的应用潜力[77-80].

本文在第二章第六节和第五章第三节分别探讨了高维可积模型具有低维混沌现象,找到了混沌型孤子.先从基于多线性分离变量解出发,合理利用解中函数的任意性.假定任意函数满足混沌模型,如:上面Lorenz提出的一个完全确定性的三阶常微分方程组(1.20)-Lorentz模型,由此得到了很丰富的高维斑图(pattern)模式,如混沌-混沌斑图、混沌-周期斑图、混沌线孤子斑图、混沌dromion斑图等等.Lorentz模型的解的性质沿着特征线传输导致了可积系统具有混沌的特性,由此启发人们可以利用混沌孤子进行混沌远程控制.在第五章中,基于广义映射解,选择核自旋混沌系统的数值解,可以得到数的类似结果.

其实,楼森岳教授领导的研究小组多年前曾在国际上首次研究了振动台上双原子体系的非线性激发模式,在实验上详细研究并观察到了单原子格点体系和双原子格点体系如何随着激励参数的变化产生的混沌型孤子.因此,在今后的研究中,我们在继续推进基础理论研究的基础上,将努力开展一些有关混沌型孤子方面的实验研究.

1.2.2 分形与孤子

分形(fractal)是法国数学家曼德布罗特(B. B. Mandelbrot)提出的一个用以表征某些不规则几何形体的概念,“A fractal is a shape made of parts similar to the whole in some way”,其具有极强的概括力和解释力. 曼德布罗特在1977年出版了第一部著作《分形对象:形、机遇与维数》[81],和后来在1982年出版了第二部著作《自然界的分形几何学》[82],奠定了这门新科学的基础. 他在书中曾说:“浮云不呈球形,山峰不呈锥体,海岸线不是圆圈,树不是光溜溜的,闪电永不会沿直线行进.”其实早在1967年,曼德布罗特曾在《Nature》杂志上提出这样的问题:“英国的海岸线有多长?”这似乎是一个非常简单的问题,但曼德布罗特给出了一个令人惊诧的答案“不确定”. 这是因为海岸线具有无穷层次的精细结构,当用不同精度的尺去测量时所得的结果自然不一样. 随着尺子精度的提高,更小尺度的海岸线就不断显现出来,这样测量出的海岸线长度会越来越长.

分形的特点是整体和部分之间存在某种自相似性,整体具有多种层次结构,具有自相似性与标度变换不变性的几何对象[81]. 自相似对称性指的是:对一类具有无穷嵌套的几何对象,适当地取出其一部分,并加以放大,观察者看到的结果与整体对象完全相同. 换句话说,如果人们用不同倍数的放大镜去观察一类具有无穷嵌套的几何对象,观察者看到的结果均相同;观察者无法从观察结果去判断放大镜的倍数. 可见,具有扩展对称性的对象在标度变换下是不变的. 为了描述分形的自相似对称性的基本特征,引入了多个几何参数,其中最基本的便是分形维数,另外的有拓扑维数、分岔度、连接性和不均匀性等. 分形维数的定义方法有多种,通常不是整数,在特殊情况下也可能是整数,但它总是不大于分形所嵌套的欧氏空间的维数. 分形可分为两类:一类是规则分形,它是按一定规则构造出的具有严格自相似性的分形;另一类是随机分形,它是在生长现象中和许多物理问题中产生的分形,其特点是不具有严格的自相似性,只是在传统意义上是自相似的. 现代文献中谈论较多的分形有：曼德布罗特(Mandelbrot)分形集、康托集(Cantor Set)、科赫(H. V. Koch)曲线、赛尔宾斯基铺垫(Sierpinski Gasket)、赛尔宾斯基地毯(Dierpinski Carpet)、茹利亚(Julia)分形集等[83,84]. 如：茹利亚(Julia)分形集和曼德布罗特(Mandelbrot)分形集可由一个简单的复动力学系统产生，其迭代方程为

$$z_{n+1} = z_n + z_c,\ n = 0,\ 1,\ 2,\ \cdots, \tag{1.21}$$

式中 $z = x + iy$, $z_c = p + iq$, z_c 为复控变量. 选择不同的控制参量 x_c，可以在复平面上分别 Julia 分形集和 Mandelbrot 分形集. 目前，分形的研究已超出了数学和物理学的范畴，它不仅广泛地应用于处理自然科学中的相关问题，如雷电、相变、晶体生长等，而且已拓展到生态、生命、经济、人文社会等许多领域. 在地震和气象预报、石油的多次开采等应用领域，甚至在股票涨落分析方面，分形也得到广泛的应用. 分形理论为人们处理复杂对象提供了强有力的工具[79,84,85].

本文讨论了高维可积模型中的分形孤子激发，主要是在(2+1)维非线性可积系统中. 同样地，从基于广义映射理论的分离变量解出发，把解中的低维任意函数取为具有自相似对称性的函数. 由此得到的解在整体上看是局域的，即是在一定区域内解非零而在其他区域内迅速衰减至零或者趋向于零；而在非零区域内通过改变标度对解作图可以得到完全一致的图像，说明这个解既具有局域性同时又具有相似对称性的特点，由此给出了分形孤子的定义. 详见本文第二章第六节和第五章第二节. 不过，对于分形孤子的定义仅仅是通过计算机对解作图观察到自相似结构给出的，并没有从理论上去计算分形孤子的维数，如何从更深的层面探讨分形孤子还有待于开展.

1.3 几种典型的(2+1)维非线性系统

本文主要工作是研究(2+1)维非线性系统的局域解，并讨论这些(2+1)维局域激发模式的非线性物理性质. 由于在实际的物理问

题中,已经建立起大量(2+1)维非线性模型[1-7],可谓是举不胜举.作为简介,这里只列出几种典型的或新提出的(2+1)维(二维空间、一维时间)非线性模型.

一、(2+1)维广义 Broer-Kaup 方程

2002 年张顺利和楼森岳[86]利用 Painleve 截断法从一特殊的 Broer-Kaup 方程推得了广义 Broer-Kaup 方程

$$
\begin{gathered}
h_t - h_{xx} + 2hh_x + u_x + Au + Bg = 0, \\
g_t + 2(gh)_x + g_{xx} + 4A(g_x - h_{xy}) + 4B(g_y - h_{yy}) + C(g - 2h_y) = 0, \\
u_y - g_x = 0, \qquad (1.22)
\end{gathered}
$$

这里的 A, B, C 为常数.当 $A=B=C=0$, GBK 方程将退化为一般的(2+1)维 Broer-Kaup(BK)系统.

二、(2+1)维 Kadomtsev-Petviashvill 方程

1970 年,卡多姆采夫(B. B. Kadomtsev)和佩特维亚什维利(V I. Petviashvill)[87]提出(2+1)维的 KdV 方程.考虑 KdV 方程在另一个空间变量方向的小扰动$\dfrac{\partial \varphi}{\partial \eta}$和色散关系,有

$$
u_t + uu_x + u_{xxx} = \varphi_y,\ \varphi_x = \pm \frac{c}{2} u_y, \qquad (1.23)
$$

其中±分别表示正色散和负色散,c 为扰动波的速度.由(1.23)式对 x, y 分别微商,消去 φ_{xy},则可给出 KdV 方程的(2+1)维推广形式——KP 方程

$$
(u_t + uu_x + u_{xxx})_x \pm \frac{c}{2} u_{yy} = 0, \qquad (1.24)
$$

(1.24)式中的符号取"+"或"−"时,分别被称为 KPI 型方程和 KPII 型方程.如果假定地面地形在垂直一维 KdV 孤立波传播方向有缓慢变化时,也可以得到 KP 方程.它也可以作为描述变深度和宽度的海峡和渠道中表面波和内波的模型.已知 KdV 方程的其他(2+1)维推

广形式还有破裂孤子方程[88]

$$u_t + bu_{xxy} + 4buv_x + 4bu_xv = 0,\ v_x = u_y; \tag{1.25}$$

Nizhnik-Novikov-Veselov(NNV)方程[89]

$$v_t + av_{xxx} + bv_{yyy} - 3a(vu)_x - 3b(vw)_y = 0,$$
$$v_x = u_y,\ v_y = w_x; \tag{1.26}$$

及广义 Korteweg-de Vries 方程(或称为广义 Nozhnik-Novikov-Veselov system 方程)[1,90,91]

$$v_t + av_{xxx} + bv_{yyy} + cv_x + dv_y - 3a(uv)_x - 3b(vw)_y = 0,$$
$$v_x = u_y,\ v_y = w_x; \tag{1.27}$$

这里的 a, b, c 和 d 为常数.

Boiti-Leon-Manna-Pempinelli(BLMP)方程[91]

$$u_t + u_{xxx} = 3(u\partial_y^{-1}u_x)_x. \tag{1.28}$$

Grimshaw[93]在研究旋转渠道中的弱非线性长内波时,对于弱旋转得到了修正的 KP 方程

$$(A_t + \nu AA_x + \lambda A_{xxx})_x = 0,\ A_y + \gamma A = 0. \tag{1.29}$$

当旋转消失时,所得修正的 KP 方程就变成为 KP 方程.

三、(2+1)维 Boussinesq 方程

Johnson[95]从 Euler 方程出发,导出了有自由面的三流体系统的一般演化方程.采用的假定是上面一层流体厚度远小于特征波长,但下层流体的厚度没加任何限制.对于浅水情形,这组新方程可转化为三维 Boussinesq 方程

$$u_{tt} - u_{xx} + 3(u)_{xx} - u_{xxx} - u_{yy} = 0, \tag{1.30}$$

它可以描述水表面的重力波传播.

四、(2+1)维非线性色散长重力波方程

Wu 和 Zhang[94]导出了描述均匀浅水深的三维非线性色散长重

力波方程

$$
\begin{aligned}
&u_t + uu_x + vu_y + w_x = 0, \\
&v_t + uv_x + vv_y + w_y = 0, \\
&w_t + (uw)_x + (vw)_y + \frac{1}{3}(u_{xxx} + u_{xxy} + v_{xxy} + v_{yyy}).
\end{aligned}
\tag{1.31}
$$

五、(2+1)维 Davey-Stewartson 方程

Davey 和 Stewartson[97]为了讨论三维弱非线性水波均匀波列的调制不稳定性，引进了 Davey-Stewartson(DS)方程

$$
\begin{aligned}
&iA_t + \zeta A_{xx} + \mu A_{yy} = \chi \mid A \mid^2 + \chi_1 A\Phi = 0, \\
&\beta\Phi_{xx} + \Phi_{yy} = -\beta_1(\mid A \mid^2)_x = 0,
\end{aligned}
\tag{1.32}
$$

其中 A 表示表面水波包的振幅，Φ 表示水波运动的速度，ζ, μ, χ, χ_1, β, β_1 是相关参数. 它是 Benney-Roskes 方程的情形. 当浅水极限时，就变为(+1)维非线性 Schrödinger 方程

$$
iA_t + \zeta A_{xx} + \mu A_{yy} = \chi \mid A \mid^2. \tag{1.33}
$$

六、(2+1)维长波短波共振相互作用方程

Okiawa，Okamura 和 Funakoshi[99] (2+1)维长波短波共振相互作用方程为

$$
\begin{aligned}
&i(S_t + S_y) - S_{xx} + LS = 0, \\
&L_t - 2(\mid S \mid^2) = 0,
\end{aligned}
\tag{1.34}
$$

其中 L 和 S 分别表示界面和表面波包，它描述长短波以一定的角度在二层流体中传播.

七、(2+1)维 Camassa-Holm 方程

(1+1)维 Camassa-Holm 方程在(2+1)维中推广形式[97]

$$
\begin{aligned}
&v_t - uv_x + 2vu_x, \\
&u_y + vu_x - vu_{xx} - 2vw_x = 0,
\end{aligned}
$$

$$w_y + (vw)_x + (vw_x)_x = 0. \tag{1.35}$$

八、(2+1)维 Navier-Stokes 方程

对于不可压粘性流体的不稳定流动，其一般的控制方程是 Navier-Stokes 方程

$$U_t + U \cdot \nabla U = -\nabla P + \nu \nabla^2 U, \nabla \cdot U = 0, \tag{1.36}$$

引进流函数 $\psi(x, y, t)$ 表示后，并定义 $U = \psi_y$, $V = -\psi_x$，则可转化为非线性演化方程的形式[98]

$$\begin{aligned} &\psi_{xxt} + \psi_{yyt} - \psi_x(\psi_{xxy} + \psi_{yyy}) + \psi_y(\psi_{xxx} + \psi_{xyy}) \\ &= \nu(\psi_{xxxx} + 2\psi_{xxyy} + \psi_{yyyy}), \end{aligned} \tag{1.37}$$

若进一步引入另一变量 $\psi(x, y, t) = -2i\nu\phi(\varsigma, \eta, \tau)$，其中 $\varsigma = \frac{1}{2}(x + iy)$, $\eta = \frac{1}{2}(x - iy)$ 和 $\tau = \nu t$，那么 Navier-Stokes 方程可以进一步简化为以下形式

$$\phi_{\varsigma\varsigma\eta\eta} - \phi_\eta \psi_{\varsigma\varsigma\eta} + \phi_\varsigma \psi_{\varsigma\eta\eta} - \phi_{\varsigma\eta\tau} = 0. \tag{1.38}$$

九、(2+1)维广义 Schrödinger 方程

1994 年 Fokas[102] 给出了 Schrödinger 方程二维的推广形式

$$iq_t + (\alpha - \beta)q_{xx} + (\alpha + \beta)q_{yy} - 2\sigma q \left[(\alpha + \beta)\left(\int_{-\infty}^{x} |q|_y^2 \mathrm{d}x + u_1(y, t) \right) + (\alpha - \beta)\left(\int_{-\infty}^{y} |q|_x^2 \mathrm{d}y + u_2(x, t) \right) \right] = 0, \tag{1.39}$$

这里 $\lambda = \pm 1$, α 和 β 为实常数，$\varphi(x, y, t)$ 是复变函数，而 $u_1(y, t)$ 与 $u_2(x, t)$ 构成边界条件的实变函数. Radha R. 和 Lakshmanan M. 证明了上述 Schrödinger 系统具有 Painlevé 性质(Painlevé 可积)[100].

十、其他(2+1)维非线性系统简介

下面再列举几种经典(2+1)维非线性系统，相关背景可参阅文献[1-7]和范恩贵教授《可积系统与计算机代数》一书的附录及相关

文献.

1. (2+1)维 Burgers 方程

$$(u_t + uu_x - u_{xx})_x + u_{yy} = 0. \tag{1.40}$$

2. (2+1)维广义 Burgers 方程

$$u_t + uu_y - u_{xy} + u_x \partial_x^{-1} u_y = 0. \tag{1.41}$$

3. (2+1)维 KdV-Burgers 方程

$$(u_t + uu_x + \alpha u_{xxx} - \beta u_{xx})_x + \gamma u_{yy} = 0. \tag{1.42}$$

4. (2+1)维高维耦合 Burgers 方程

$$\begin{aligned} u_t &= u_{xx} + u_{yy} + 2uu_x + 2vu_y, \\ v_t &= v_{xx} + v_{yy} + 2uv_x + 2vv_y. \end{aligned} \tag{1.43}$$

5. (2+1)维 MKP 方程

$$u_t - u_{xxx} + 6u^2 u_x + 3\sigma^2 \partial^{-1} u_{yy} = 0. \tag{1.44}$$

6. (2+1)维 Cadrey-Dodd-Gibbon 方程

$$\begin{aligned} u_t = u_{5x} + 5(&u_x u_{xx} + uu_{xxx} + u^2 u_x + u_{xxy} + uu_y + \\ &u_x \partial_x^{-1} u_y - \partial_x^{-1} u_{yy}). \end{aligned} \tag{1.45}$$

7. (2+1)维柱形式耗散 Zaboloskaya-Khokhlov 方程

$$u_{xt} + uu_{xx} + u_x^2 + u_{xxx} + r^{-1} u_r + u_{rr} = 0, \; r = \sqrt{x^2 + y^2}. \tag{1.46}$$

8. (2+1)维 AKNS 浅水波方程

$$u_t - u_{xxt} - 4uu_t - 2u_x \partial_y^{-1} u_t + u_x = 0. \tag{1.47}$$

9. (2+1)维 Gardner 方程

$$u_t + u_{xxx} + 6\beta u u_x - \frac{3}{2}\alpha^2 u^2 u_x + 3\sigma^2 \partial_x^{-1} u_{yy} - 3\alpha\sigma u_x \partial_x^{-1} u_y = 0. \tag{1.48}$$

10. (2+1)维 Khokhlov-Zabolotskya 方程

$$2u_t + u_{xxx} + u_{yyy} + 3(u\partial_y^{-1}u_x)_x + 3(u\partial_x^{-1}u_y)_y = 0. \quad (1.49)$$

11. $(N+1)$ 维 sine-Gordon 方程

$$\sum_{i=1}^{n} u_{x_i x_i} - u_{tt} = \sin u. \quad (1.50)$$

12. (2+1)维 Sawada-Kotera 方程

$$u_t = \left(u_{4x} + 5uu_{xx} + \frac{5}{3}u^3 + 5u_{xy}\right)_x - 5\partial_x^{-1}u_{yy} + 5uu_y + 5u_x\partial_x^{-1}u_y = 0. \quad (1.51)$$

13. (2+1)维 Harry-Dym 方程

$$u_t + u^3 u_{xxx} + \frac{3}{u}\left(u^2\partial_x^{-1}\left(\frac{u_y}{u^2}\right)\right)_y = 0. \quad (1.52)$$

14. (2+1)维 Boiti-Leon-Manna-Pempinelli 方程

$$u_{yt} + u_{xxxy} - 3u_{xx}u_y - 3u_x u_{xy} = 0. \quad (1.53)$$

15. (2+1)维 sine-Gordon 方程

$$u_t + u_{xxx} + u_{yyy} + 3(u\partial_y^{-1}u_x)_x + 3(u\partial_x^{-1}u_y)_y = 0. \quad (1.54)$$

16. (2+1)维破裂孤子方程

$$u_{xt} - 4u_x u_{xy} - 2u_y u_{xx} - u_{xxxy} = 0. \quad (1.55)$$

17. (2+1)维广义破裂孤子方程

$$u_t + u_{xxx} + bu_{xxy} + 6au_x + 4buu_y + 4bu_x\partial_x^{-1}u_y = 0. \quad (1.56)$$

18. (2+1)维 Bogoyavlenskii's 广义破裂孤子方程

$$(u_{xt} - 4u_x u_{xy} - 2u_y u_{xx} + u_{xxxy})_x = -\alpha^2 u_{yyy}. \quad (1.57)$$

19. (2+1)维 KK 方程

$$9u_t + u_{5x} + 15uu_{xxx} + \frac{75}{2}u_x u_{xx} + 45u^2 u_x + 5\sigma u_{xxy} -$$

$$5\sigma\partial_x^{-1}u_{yy}+15\sigma uu_y+15\sigma u_x\partial_x^{-1}u_y=0. \tag{1.58}$$

20. (2+1)维色散长水波方程

$$\begin{aligned}&u_{yt}+v_{xx}+\frac{1}{2}(u^2)_{xy}=0,\\&v_t+(uv+u_{xy})_x=0.\end{aligned} \tag{1.59}$$

21. (2+1)维 KP 方程组

$$\begin{aligned}&q_t=\frac{1}{8}(q_{xxx}-6q^2q_x+6q_x\partial^{-1}q_y+3\partial^{-1}q_{yy}),\\&p_t=\frac{1}{8}(p_{xxx}-6pp_x+3\partial^{-1}p_{yy})+\frac{3}{4}(pq_x-pq^2+p\partial^{-1}q_y)_x.\end{aligned} \tag{1.60}$$

22. (2+1)维 Mel'nikov 方程

$$\begin{aligned}&(u_t+uu_x+u_{xxx})_x\pm ku_{yy}(vv^*)_{xx}=0,\\&iv_y+v_{xx}+uv=0.\end{aligned} \tag{1.61}$$

23. (2+1)维破裂孤立子方程

$$\begin{aligned}&q_t-iq_{xy}+2iq\,\partial_x^{-1}(qr)_y=0,\\&r_t+ir_{xy}-2ir\,\partial_x^{-1}(qr)_y=0.\end{aligned} \tag{1.62}$$

24. (2+1)维三波方程

$$\begin{aligned}&f_{1t}=\alpha_1f_{1y}+\beta_1f_{1x}+(\alpha_3-\alpha_2)f_2\tilde{f}_3,\\&f_{2t}=\alpha_2f_{2y}+\beta_2f_{2x}+(\alpha_1-\alpha_3)f_1\tilde{f}_3,\\&f_{3t}=\alpha_3f_{3y}+\beta_3f_{3x}+(\alpha_2-\alpha_1)f_2\tilde{f}_1.\end{aligned} \tag{1.63}$$

25. (2+1)维色散长水波方程

$$\begin{aligned}&u_t-u_{xx}-2(uv)_x=0,\\&v_{ty}+v_{xxy}-2u_{xx}-(v^2)_{xy}=0.\end{aligned} \tag{1.64}$$

26. (2+1)维 Ernst 方程

$$
\begin{aligned}
F\nabla^2 F &= (\nabla F)^2 - (\nabla G)^2, \\
F\nabla^2 G &= (\nabla F)(\nabla G),
\end{aligned} \tag{1.65}
$$

其中∇为梯度算子. 这个系统等价于稳定的轴对称真空 Einstein 方程

$$
\nabla^2 F = F_{rr} + \frac{F_r}{r} + F_{zz},\ |\nabla F|^2 = F_r^2 + F_z^2,\ F = F(r, z). \tag{1.66}
$$

27. (2+1)维 Davey-Stewartson 方程

$$
\begin{aligned}
& iu_t + u_{xx} + \frac{1}{\alpha^2}u_{yy} + \frac{2\epsilon}{\alpha^2}|u|^2 u - \frac{2}{\alpha^2}uv, \\
& v_{yy} - \alpha^2 v_{xx} - 2\alpha^2\epsilon(|u|^2)_{xx} = 0,
\end{aligned} \tag{1.67}
$$

当 $\epsilon = 1,\ \alpha = \pm 1$ 时,称 DSI 方程,当 $\epsilon = 1,\ \alpha = \pm i$ 时,称 DSII 方程.

28. (2+1)维耦合非线性 Schrödingger 方程

$$
\begin{aligned}
& iu_t - u_{xy} - v|u|u = 0, \\
& v_t - 2|u|_x^2 = 0.
\end{aligned} \tag{1.68}
$$

29. Einstein-Maxwell 方程

$$
\begin{aligned}
& (uu^* + vv^* - 1)\nabla^2 u = 2\nabla u(u^*\nabla u + v^*\nabla v), \\
& (uu^* - 1)\nabla^2 v = 2\nabla v(u^*\nabla u + v^*\nabla v), \\
& \nabla = \frac{\partial^2}{\partial\rho^2} + \frac{1}{\rho}\frac{\partial}{\partial\rho} + \frac{\partial^2}{\partial z^2}.
\end{aligned} \tag{1.69}
$$

30. 量子 Yang-Baxter 方程

$$
\begin{aligned}
& \breve{R}_{12}(u, \xi, \eta)\breve{R}_{23}(u+v, \xi, \lambda)\breve{R}_{12}(v, \eta, \lambda) \\
& = \breve{R}_{23}(v, \eta, \lambda)\breve{R}_{12}(u+v, \xi, \lambda)\breve{R}_{23}(u, \xi, \eta),
\end{aligned}
$$

$$\breve{R}_{12}(u, \xi, \eta) = vR(u, \xi, \eta) \otimes I,$$

$$\breve{R}_{23}(u, \xi, \eta) = I \otimes vR(u, \xi, \eta), \tag{1.70}$$

其中$\breve{R}(u, \xi, \eta)$为 N^2 维函数矩阵，I 为 N 维单位矩阵，$\otimes$为两个矩阵的张量积. u，v 称谱参数，ξ，η 称色参数.

31. Self-dual Yang-Mills 方程

$$F_{\mu\nu} = \frac{\partial A_\nu}{\partial x_\mu} - \frac{\partial A_\mu}{\partial x_\nu} - [A_\mu, A_\nu], \tag{1.71}$$

其中 x_μ，$\mu = 0, 1, 2, 3$ 为 Euclidian 空间 E^4 中的协坐标，A_μ和A_ν称 Yang-Mills 位势.

32. Bo'erziman 方程

$$\frac{1}{\boldsymbol{v}} \frac{\partial \phi}{\partial t} + \boldsymbol{\Omega} \cdot \nabla \phi + \sigma\phi = \int \sigma' f \phi(\boldsymbol{r}, \boldsymbol{v}', t) \mathrm{d}\boldsymbol{v}' + \varphi, \tag{1.72}$$

其中 t 表示时间；$\boldsymbol{r}$，$\boldsymbol{v}$ 分别为中子的位置和速度；$\boldsymbol{\Omega}$ 为沿中子的单位向量；$\sigma(\boldsymbol{v}, \boldsymbol{r})$为总截面，$\sigma' = \sigma(\boldsymbol{v}', \boldsymbol{r})$；$f(\boldsymbol{v}' \to \boldsymbol{v}, \boldsymbol{r})\mathrm{d}\boldsymbol{v}$ 为概率；φ 为主流.

33. Cahn-Hilliard 方程

$$u_t + \Delta^2 u = \Delta f(u), \ f(u) = \sum_{j=1}^{2n-1} a_j u^j. \tag{1.73}$$

34. Konopelchenko-Rogers 方程

$$\begin{aligned} &\left(\frac{\phi_X}{\sin\theta}\right)_X - \left(\frac{\phi_Y}{\sin\theta}\right)_Y - \frac{\theta_Y \phi_X - \theta_X \phi_Y}{\sin^2\theta} = 0, \\ &\left(\frac{\tilde{\phi}_X}{\sin\theta}\right)_X - \left(\frac{\tilde{\phi}_Y}{\sin\theta}\right)_Y - \frac{\theta_X \tilde{\phi}_Y - \theta_Y \tilde{\phi}_X}{\sin^2\theta} = 0. \end{aligned} \tag{1.74}$$

35. 磁动力方程

$$\rho_t + \nabla(\rho v) = 0,$$

$$\rho(v_t + v\nabla v) = -\nabla p + R_H(\nabla \times H \times H) + \chi\Delta v + \left(\xi + \frac{1}{\xi}\right)\nabla(\nabla v),$$

$$H_t = \nabla \times (v \times H) - \frac{1}{R_\rho}\nabla \times (v_H \nabla \times H),$$

$$\rho_t + v\nabla p + \gamma p \nabla v = (\gamma - 1)\left(\frac{R_H}{R_\rho}v_H(\nabla \times H)^2 + \sum \sigma_{i,k}\frac{\partial v^i}{\partial x^k} + \nabla(k\nabla T)\right),$$

$$\nabla H = 0, \tag{1.75}$$

其中 v 为流体速度，H 为磁场，ρ 为质量密度，p 为压强，T 为温度，χ 和 ξ 为粘性系数，$v_H = 1/(\sigma\mu)$ 磁场速度，σ 为电导体，

$$\sigma'_{ik} = \chi\left(\frac{\partial v^i}{\partial x^k} + \frac{\partial v^k}{\partial x^i}\right) + \left(\xi - \frac{2}{\xi}\chi\right)\delta_{ik}\sigma_{ik}\sum\frac{\partial v^l}{\partial x^l} \tag{1.76}$$

为各压力张量. $R_H = \mu_0 H_0^2/\rho_0 v_0^2$ 为磁场压力数.

1.4 问题的提出和本文研究内容的概述

1.4.1 问题的提出

高维孤子系统是非线性动力学研究的重要内容. 综述以上讨论，我们知道孤子首先在水波中发现(1833 年)，62 年后(1895 年)描述孤子的著名理论模型(KdV 方程)问世. 再过 60 年(1955 年)，现代电子计算机的问世导致了 FPU (Fermi-Pasta-Ula)回归现象的发现，使得现实世界的非线性现象及非线性科学和线性科学的根本区别得以本质的揭露. 求解孤子方程的反散射方法的建立(1965 年)宣告了孤子学研究的开始并迅速将孤子理论研究推向高潮，其中非传播水表面孤波的发现，也有力地推动了非线性科学的发展. 2003 年诺贝尔物理学奖获得者俄罗斯的京茨堡教授将孤子理论研究列为 21 世纪重大物理问题之一.

近三十年来，由于科学技术的不断发展，人们研究的领域更趋于复杂、广阔和深化，孤子理论得以快速的发展. 它不仅被迅速应用于物理学的各个分支，而且也被迅速应用于生物、化学、材料、天体、通信等自然科学的各个领域，同时伴随着大量新的非线性模型出现. 就物理领域而言，前面介绍的来自流体力学著名 KdV 方程，事实上在物理学的其他领域，如在离子声波、冷等离子体磁流体波、非线性晶格中均可得到 KdV 方程. 又如非线性 Schrödinger 方程，它是孤子理论中最为重要的方程之一，首先从浅水波中导出，后来人们依据非线性 Schrödinger 方程从理论上导出，在光纤的反常色散区能够形成光学孤子，并在实验上证实了光学孤子的存在. 另外它在电磁学、超导超流、生物物理、高分子物理、等离子物理等均有广泛的应用，可以描述等离子体中的电子波包、准一维铁磁动力学、生物分子链和引力场中的弱理想 Bose 气体等，当然不同模式相互作用的物理问题对非线性 Schrödinger 方程描述要作适当的修正. 再如 sine-Gordon 方程，曾从非线性动力学中的单摆弹簧链模型中得到，现在，从非线性光学的自感透明现象、生物物理以及与非线性晶格、非均匀介质相关的诸多物理现象中均得到该方程. Camassa-Holm 方程问世以来，也引起了人们很大的兴趣. 首先该方程也像 KdV 程一样，是用来描述小振幅的浅水波运动的，其次是它的孤立波解出现了尖点，这与人们认识的孤子的光滑性形成了鲜明的对照，尖孤子的发现不仅为孤立波家族增添了新的成员，而且和 1802 年 Gerstner 得到的关于无限深次水水面运动方程的解——余摆线形状相类似. 我们知道，这类波形比无限小振幅波(Airy 波、简谐波形)更接近实际，符合海浪的波峰变尖、波谷变平的常见现象. 1947 年 Stockes 指出，按二维、无旋条件建立波动方程，展开后就会看出波峰变尖，和余摆线形状相似. 还有圈孤子也在量子场论、粒子物理、弦论中得到初步的应用. 可以说，低维孤子系统，如二维非线性孤子模型的孤波结构和相互作用性质已被研究得较为彻底和清楚，而对高维孤子系统的研究，如：三维非线性孤子模型中的三维广义非线性 Schrödinger 系统、广义 A blowitz-Kaup-

Newell-Segur系统、广义Nizhnik-Novikov-Vesselov系统等的探讨，正处在该领域研究的前沿：人们首先在二维非线性模型中发现了很多不同于通常孤子或孤波的新型孤波结构，如Camassa和Holm在二维Camassa-Holm系统中发现的Peaked soliton(Peakon)，Rosenau和Hyman在二维非线性色散模型中发现的Compacted soliton(Copmpacton)等，展现出孤波丰富的非线性特征.其次，Boiti等人成功发现了关于非线性模型的指数局域的平面相干孤子dromion结构，引起了有关学者的极大关注.人们不仅建立起构造这类相干结构的多种不同的有效方法，如双线性方法、Painlevé截断展开方法、齐次平衡方法、对称约化方法和多线性分离变量法等，而且对激发这类模式的机理和它们的稳定性及其相互作用规律都给出了初步的探索，同时还揭示出其他丰富的不同形式的局域和非局域相干结构，如Solitoffs，Lumps，Breathers，Instantons，Lattice dromions和双周期波等相干结构.在孤子基础理论研究方面，我国学者已进入了该领域的国际前沿阵地，如谷超豪院士、郭柏灵院士、葛墨林院士、楼森岳教授、李翊神教授、曾云波教授、黄国翔教授、范恩贵教授、刘式达教授、罗德海教授、王明亮教授、陈登远教授、刘式适教授等.另外，国内学者戴世强教授等对分层流体中的内孤波也开展了一系列工作，发现内孤波的研究与物理海洋学、大气物理学、船舶及海洋工程、水利工程、环境工程及军事工程等都具有紧密联系，尤其是在海洋工程实践中，内孤波是一个重要的环境载荷因素；在国防军事工程中内孤波及其派生结构“尾迹”的检测是潜艇非声探测和防反的重要依据之一；在海-气相互作用中，内孤波也是一个不可忽视的环节.近年来人们对孤波结构的认识更趋丰富，如孤波的稳定性问题、分形、混沌、不同类型孤波的反结构和多值孤立波特征初步被揭示出来，展示出非线性模型孤波结构研究的广阔空间.对各类相干结构的实验研究和自然观测，也已见一些文献报导.另外，人们已经建立和发展了很多求解非线性方程的方法，如：逆散射方法(Inverse scattering method)、达布变换方法(Darboux transformation)、贝克隆变换方法

(Backlund transformation)、双线性方法和多线性方法(Bilinear method and Multilinear method)、经典和非经典李群法(Classical and non-classical Lie group approaches)、Clarkson-Kruskal直接法(Clarkson-Kruskal direct method)、形变映射法(Deformation mapping method)、Painlevle截断展开法(Truncated Painlevle expansion)、混合指数法(Mixing exponential method)、函数展开法(Function expansion method)、几何方法(Geometrical method)、穿衣服方法(Dressing method)等等,特别是针对其中一些被归为可积(integrable)的非线性系统.

但是,由于高维非线性系统自身问题的复杂性,人们对于这些非线性模型的局域激发模式及其性质的认识还远未清楚.如:(1)一些相干孤子结构的分形、混沌、斑图、湍流等动力学行为是如何产生的?它们之间有什么样的本质关系?因为人们一般认为孤子产生于可积非线性系统而混沌与分形产生于不可积非线性系统.不过对于一个非线性系统是否可积至今还没有一个完全确定和统一的定义.所谓的可积性是指不同意义下的可积性,所以在说一个非线性系统是可积的时候通常会指明它是在何种意义下的可积.例如:可用反散射方法求解的即称为反散射可积,具有Lax对的即称为Lax可积,具有Painlevlé性质的即称为Painlevlé可积等等.事实上,具备所有可积性质的非线性系统是极其有限的.有时一个系统在某些特殊意义下是可积的而在其他意义下却是不可积的,如有些Lax可积的系统没有Painlevlé性质.的确,可积与不可积之间并不能够非常清晰的区别,特别是在高维系统之中.在提及一个系统是否可积的时候除了需要指出是在何种意义下可积之外,还需要特别指出一点:对于高维可积系统的一般解,如Painlevlé可积系统,会存在着一些低维的任意函数,这意味着任何低维的周期、双周期、准周期乃至非周期解,如混沌或分形解均可以用来构造高维可积系统的严格解.这意味着可能发生任何奇异的现在仍然未知的动力学行为.(2)在方法的应用与推广上,如何将多线性分离变量法推广到更多的高维非线性系统,如何将直接代数法推广到离散系统也是一项很有意义的工作.(3) 在基础理论上能否有突破,如何找到新的方法分析高维非线性系统新的局域激发模式及其相关非线性性质?如:现已发现的混沌孤子和分形孤子,均建立在多线性分离理论的基础之上,可否用其他理论同样可以得到?如:对称约化法、形变映射法.或者说,目前常用的形变映射法总是建立在行波约化法基础上,所得的是系统的精确行波解,可否也能得到如多线性分离法类似的局域解?

……

总之无论是理论分析还是实验结果,对高维孤子系统的研究,学术界还有待于进一步深入.因此,利用孤子理论的当代发展成就和自然现象观测与研究的成果,借助非线性动力学的近代分析方法,进一步探讨高维孤子系统,特别是三维非线性水波系统是有理论价值和实际意义的.尤其是作为一个海洋大国,深入研究非线性水波动力学系统,对于海防、海港的建设也有积极的借鉴和指导意义.本文将就上述这些问题展开讨论.

1.4.2 本文研究内容概述

本课题的研究目标拟通过应用和发展非线性系统基础理论,分析产生于可积非线性系统的孤子和产生于不可积非线性系统的混沌与分形之间的联系的问题.着重研究高维孤子系统的各类局域和非局域激发模式,分析孤波结构中的混沌和分形非线性动力学行为.通过本文的研究,以更深刻地认识和理解自然界中混沌、分形和有序现象的联系及相互转换的规律,有助于加深对高维孤子系统的认识和孤子理论的完善与发展,拓展非线性系统理论的应用范围,丰富非线性动力学理论的内涵.

主要研究内容

(1) 本文以有具体物理背景条件下的(2+1)维广义 Broer-Kaup 系统、广义 Ablowitz-Kaup-Newell-Segur 系统、广义 Nizhnik-Novikov-Vesselov 系统、广义非线性 Schrödinger 扰动系统、Boiti-Leon-

Pempinelli 系统、Ablowitz-Ladik-Lattice 系统、Hybrid-Lattice 系统、Toda Lattices 系统、相对论 Toda Lattices 系统、离散 mKdV 系统和变系数 KdV 系统等为研究重点，讨论非线性离散系统的显式行波和非线性连续系统的局域和非局域的激发模式，包括局域激发和非局域激发，重点放在揭示高维孤子系统中一些新的相干孤子结构及其相关性质.

(2) 针对分析低维孤子系统的系列研究方法，提出并发展新的研究高维孤子系统的精确解的方法，构造新的相干结构. 研究非线性问题的逆散射方法是线性物理傅立叶方法的推广. 本文借鉴线性物理中的分离变量理论和非线性物理的约化思想，着重对处理非线性问题的多线性分离变量法和直接代数法进行研究和推广，对形变映射理论进行创新，以得到一些新的结果，为实际应用提供理论依据. 本文的研究表明，可将多线性分离变量方法与广义映射方法甚至对称约化方法统一起来. 这方面已取得较大的进展.

(3) 研究典型孤波结构的相互作用及其演化规律，进而讨论它们所蕴涵的混沌(Chaos)、分形(Fractal)和多值孤立波及其相关非线性动力学行为，研究产生于可积非线性系统的孤子和产生于不可积非线性系统的混沌与分形之间的本质联系的问题.

本文工作的开展是作者对以前硕士研究工作的深入、创新和总结. 在对问题总体把握的基础上，通过收集检索国内外相关文献资料，深入调研与本文相关的研究现状，以掌握若干重要的研究方法；发展多线性分离变量方法、运用对称约化思想，提出广义映射理论，分析非线性高维孤子系统，构造出它们的局域和非局域的相干结构；讨论激发这类相干模式的机理和它们的演化行为；讨论高维孤子系统中各类相干结构所蕴涵的分岔、混沌和分形等非线性动力学行为. 对理论上得到的结果在计算机上给出仿真验证，对所蕴涵的非线性动力学行为给出恰当的解释，即分析产生于可积非线性系统的孤子和产生于不可积非线性系统的混沌与分形之间的本质联系的问题. 具体章节安排如下：

在第二章中，我们将楼森岳教授提出的多线性分离变量法进一步推广到其他新的(2+1)维非线性系统，如：广义 Broer-Kaup 系统、广义 Ablowitz-Kaup-Newell-Segur 系统、广义 Nizhnik-Novikov-Vesselov 系统、广义非线性 Schrödinger 扰动系统及 Boiti-Leon-Pempinelli 系统等. 进而讨论基于多线性分离变量解引起的(2+1)维系统局域激发及其相关非线性特性.

在第三章中，我们将双曲函数法、椭圆曲函数法和直接代数法进一步推广到非线性离散系统和变系数系统，如：Ablowitz-Ladik-Lattice 系统、Hybrid-Lattice 系统、Toda Lattices 系统、相对论 Toda Lattices 系统、离散 mKdV 系统和变系数 KdV 系统等，得到这些非线性系统的精确行波解.

在第四章中，我们利用对称约化思想，提出一种广义映射理论，突破了现有映射理论只能求解系统行波解的约束，并成功地运用若干非线性离系统中，如：Broer-Kaup-Kupershmidt 系统、Boiti-Leon-Pempinelli 系统、广义 Broer-Kaup 系统和色散长波系统等，得到了新型的分离变量解，也称为广义映射解. 根据所求的广义映射解，我们可以得到丰富的局域激发结构. 事实上，基于多线性分离变量法所得局域激发，用广义映射理论同样可以得到.

在第五章中，我们依据广义映射法所得的新型分离变量解，分析了若干新的或典型的局域激发，并讨论了它们所蕴涵的分形、混沌等非线性动力学行为，完善或修正了人们长期认为孤波产生于可积非线性系统而混沌、分形只存在于不可积非线性系统的认识局限性，说明这些非线性现象之间的本质联系.

本文的最后一章是总结和对后续研究的展望.

第二章　多线性分离变量法和(2+1)维非线性系统的局域激发

傅立叶变换法和分离变量法是线性物理学两个普遍适用的重要方法.然而这两种方法都不能直接应用到非线性的情形.为此,长久以来,众多物理学家和数学家们把研究目光聚集在了如何在非线性物理中建立相应的研究方法.在二十世纪六十年代后期,傅立叶变换法被成功地推广到了非线性物理的一些所谓的可积模型中,即著名的逆散射方法.然而分离变量法在非线性物理中一直没有得到非常成功的推广和应用,直到最近才在几个方向得到了发展.其中最重要之一是楼森岳教授提出的多线性分离变量法[101],并成功地应用于若干非线性系统[102-116].本论文的重点研究内容之一是将多线性分离变量法进一步推广应用其他新的非线性系统,如 GBK 系统、GAKNS 系统、BLP 系统、GNNV 系统、GNLS 系统等.

本章的第一节概括性地讨论了多线性分离变量法求解非线性系统的一般理论.第二、三部分分别给出了非线性 GAKNS 系统和 GBK 系统用多线性分离变量法分析的具体过程.第四部分中列举了其他一些非线性系统的多线性分离变量解,这些系统都是在某些意义下可积的.第五、六部分分别讨论了基于多线性分离变量解的(2+1)维系统的局域激发模式及其分形和混沌行为,最后一节是关于本章内容的小结.

2.1　一般理论

对于一个给定的非线性系统

$$P(v) \equiv P(x_0 = t, x_1, x_2, \cdots, x_n, v, v_{x_i}, v_{x_i x_j}, \cdots), \quad (2.1)$$

这里 $v = v(v_1, v_2, \cdots, v_q)^T$, $P(v) = (P_1(v), P_2(v), \cdots, P_q(v))^T$ 和 $P_i(v)$是关于 v_i 的多项式及其导数,T 表示转置矩阵.

首先,对上述非线性系统(2.1)进行 Painlevé-Bäcklund 变换

$$v_i = \sum_{j=0}^{\alpha_i} v_{ij} f^{j-\alpha_i}, \; i = 1, 2, \cdots, q, \quad (2.2)$$

这里 $v_{i\alpha_i}$ 是方程(2.1)的种子解. α_i 由 Painlevé 标准截断法的领头项分析得到($f \sim 0$). 一般情形下,α_i 取较小的正整数,因为这时将(2.2)式代入(2.1)式将得到相对简单的双线性或多线性方程.

将(2.2)式连同 α_i 值代入(2.1)式,消去领头次项,可以得到 $\{v_{ij}, j = 0, 1, 2, \cdots, \alpha_i - 1\}$. 然后将(2.2)式连同 α_i 值和 $\{v_{ij}, j = 0, 1, 2, \cdots, \alpha_i - 1\}$ 代入(2.1)式,可以得到关于函数 f 的双线性或多线性化方程.

第二,得到双线性或多线性化方程后,给函数 f 找一个恰当的变量分离形式

$$f = a_0 + a_1 p(x, t) + a_2 q(y, t) + a_3 p(x, t) q(y, t), \quad (2.3)$$

这里 $p(x, t) \equiv p$, $q(y, t) \equiv q$ 分别是关于(x, t)和(y, t)的函数, a_0, a_1, a_2 和 a_3 为任意常数. 显然当 p 和 q 取为行波形式的指数函数时,设解 f(2.3)是 Hirota 的双孤子形式.

在一些特殊情形中,通过 Painlevé-Bäcklund 变换,原非线性系统(2.1)将约化为一个线性系统,如 BKK 系统、色散长波系统,还有本章第三节中将讨论的 GBK 系统和 BLP 系统等. 这时,我们可以利用线性迭代原理,设函数

$$f = \lambda + \sum_{k=1}^{N} p_k(x, t) q_k(y, t), \quad (2.4)$$

这里 λ 为常数,N 为正整数, $p_k(x, t) \equiv p_k$ 和 $q_k(y, t) \equiv q_k (k = 1,$

2, …, N) 分别是关于$\{x, t\}$和$\{y, t\}$分离变量函数.

第三,将关于函数 f 的设解(2.3)式或(2.4)式代入多线性方程,得到关于变量分离函数(p, q)或(q_k, p_k)及其导数的方程. 现在寻求方程:要求函数(p, q)或(q_k, p_k)分别满足变量分离方程

$$S_p(p, p_x, p_t, \cdots) = 0, \qquad S_q(q, q_y, q_t, \cdots) = 0, \tag{2.5}$$

或

$$S_{p_k}(p_k, p_{kx}, p_{kt}, \cdots) = 0, \qquad S_{q_k}(q_k, q_{ky}, q_{kt}, \cdots) = 0. \tag{2.6}$$

如何将寻求上述变量分离方程(2.5)或(2.6)是多线性分离变量法的难点.就我们的实践体会而言,对不同的非线性系统,处理方法、过程不尽一样,其过程往往是相当复杂的.一旦解决了这个难点,多线性分离变量法基本上成功了.

最后,求解变量分离方程(2.5)或(2.6).在处理过程中,常常采用一个相当巧妙的方法.假定方程(2.5)的第一式和第二式中分别含有两个任意函数(种子解):$p_0 = p_0(x, t)$ 和 $q_0 = q_0(y, t)$,则在求解该方程时,求解出的是种子解 p_0 和 q_0,而不是变量分离函数 p 和 q,即用 p 来表示 p_0,q 来表示 q_0.这样种子解 p_0 和 q_0 的任意性就转移给了 p 和 q,即 p 和 q 是两个任意变量分离函数.对(2.6)式,也可以用类似方法处理.

下面我们以广义 Ablowitz-Kaup-Newell-Segur(GAKNS)系统为例,具体讨论如何采用上述方法分析非线性 GAKNS 系统的多线性分离变量解,以展示该方法处理非线性系统的基本过程和有效性.

2.2 (2+1)维广义 Ablowitz-Kaup-Newell-Segur 系统的分离变量解

考虑(2+1)维广义 Ablowitz-Kaup -Newell-Segur(GAKNS)

系统[117]

$$\mathrm{i}q_t + aq_{xx} + bq_{yy} + 2(aw + bv)q = 0, \tag{2.7}$$

$$-\mathrm{i}r_t + ar_{xx} + br_{yy} + 2(aw + bv)r = 0, \tag{2.8}$$

$$v_x + \lambda(qr)_y = 0,\ w_y + \lambda(qr)_x = 0, \tag{2.9}$$

其中 a, b 为常数, $\lambda = \pm 1$. 上述 GAKNS 系统包含了若干经典方程,如 DSI 方程、DSII 方程、GNLS 方程等,具有广泛的物理背景[117,119].

按照分离变量法步骤,先对 GAKNS 系统(2.7),(2.8)和(2.9)中的 q, r, v 和 w 进行 Painlevé-Bäcklund 变换

$$q = \sum_{j=0}^{\alpha_1} q_j f^{j-\alpha_1},\ r = \sum_{j=0}^{\alpha_2} r_j f^{j-\alpha_2},$$

$$v = \sum_{j=0}^{\alpha_3} v_j f^{j-\alpha_3},\ w = \sum_{j=0}^{\alpha_4} w_j f^{j-\alpha_4}, \tag{2.10}$$

这里 q_{α_1}, r_{α_2}, v_{α_3} 和 w_{α_4} 是 GAKNS 系统种子解. 由领头项分析得

$$\alpha_1 = \alpha_2 = 1,\ \alpha_3 = \alpha_4 = 2. \tag{2.11}$$

将方程(2.10)和(2.11)直接代入(2.7),(2.8)和(2.9)式,并考虑函数 q_1, r_1, v_2 和 w_2 为系统种子解,导出

$$\sum_{i=0}^{3} P_{1i} f^{i-4} = 0, \tag{2.12}$$

$$\sum_{i=0}^{3} P_{2i} f^{i-4} = 0, \tag{2.13}$$

$$\sum_{i=0}^{2} P_{3i} f^{i-3} = 0,\ \sum_{i=0}^{2} P_{4i} f^{i-3} = 0, \tag{2.14}$$

式中 P_{1i}, P_{2i}, P_{3i} 和 P_{4i} 是关于函数 $\{q_0, r_0, v_j, w_j, f, j = 0, 1\}$ 及其导数的泛函. 由于 P_{1i}, P_{2i}, P_{3i} 和 P_{4i} 表示式的复杂性,这里略去其具体形式. 消去式(2.12),(2.13)和(2.14)的领头项及次项, 确定函

数 $\{q_0, r_0, v_j, w_j, j=0, 1\}$. 将所得结果代入(2.10)式并改定其形式,其 Painlevé-Bäcklund 变换为

$$q=\frac{q_0}{f}+q_1,\ r=\frac{r_0}{f}+r_1,$$

$$v=(\ln f)_{xx}+v_2,\ w=(\ln f)_{yy}+w_2, \tag{2.15}$$

为分析方便,我们选取种子解 q_1, r_1, v_2 和 w_2 为

$$q_1=r_1=0,\ w_2=F_0(x, t),\ v_2=G_0(y, t), \tag{2.16}$$

这里 $F_0(x, t)$ 和 $G_0(y, t)$ 为所示变量的任意函数. 简单的测试可以直接验证上述种子解(2.16)满足 GAKNS 系统.

现将(2.15)和(2.16)式代入(2.7),(2.8)和(2.9)式,导出其双线性形式

$$(aD_x^2+bD_y^2+\mathrm{i}D_t)q_0\cdot f+2fq_0(aF_0+bG_0)=0, \tag{2.17}$$

$$(aD_x^2+bD_y^2-\mathrm{i}D_t)r_0\cdot f+2fr_0(aF_0+bG_0)=0, \tag{2.18}$$

$$D_xD_yf\cdot f+2q_0r_0=0, \tag{2.19}$$

式中 D_x, D_y, D_t 是广田(Hirota)双线性算子[120],其定义为

$$D_x^mD_y^nD_t^kf\cdot g=\lim_{x'=x,\ y'=y,\ t'=t}\left(\frac{\partial}{\partial x}-\frac{\partial}{\partial x'}\right)^m\left(\frac{\partial}{\partial y}-\frac{\partial}{\partial y'}\right)^n \left(\frac{\partial}{\partial t}-\frac{\partial}{\partial t'}\right)^k f(x, y, t)\cdot g(x', y', t'). \tag{2.20}$$

为了进一步找到上述方程(2.17)~(2.19)有意义的精确解,我们设如下形式的分离变量解

$$f=a_1F+a_2G+AFG,\ q_0=F_1G_1\exp[(p+s)],\ r_0=\frac{F_1G_1}{\exp[(p+s)]}, \tag{2.21}$$

其中 a_1, a_2, A 是任意常数, $F \equiv F(x, t)$, $G \equiv G(y, t)$, $F_1 \equiv F_1(x, t)$, $G_1 \equiv G_1(y, t)$, $p \equiv p(x, t)$, $s \equiv s(y, t)$ 是所示变量的待求函数.

将上述形式解(2.21)代入方程(2.19)得

$$F_1^2 G_1^2 - a_1 a_2 F_x G_y = 0. \tag{2.22}$$

由于 F, F_1 只是关于$\{x, t\}$的函数,而 G, G_1 只是关于$\{y, t\}$的函数,方程(2.22)式可分解为下述两个分离变量方程

$$F_1 = \delta_1 \sqrt{a_1 a_2 c_0^{-1} F_x},\ G_1 = \delta_2 \sqrt{c_0 G_y} \quad (\delta_1^2 = \delta_2^2 = 1). \tag{2.23}$$

类似于上面的处理方法,将形式解(2.21)式和(2.23)式代入(2.17)和(2.18)式,导出下述分离变量方程组

$$F_t = 2\mathrm{i}a p_x F_x + c_1 (a_2 + AF)^2 + c_2 (a_2 + AF) + a_1 a_2 c_3, \tag{2.24}$$

$$G_t = 2\mathrm{i}b s_y G_y - c_3 (a_1 + AG)^2 - c_2 (a_1 + AG) - a_1 a_2 c_1, \tag{2.25}$$

$$aF_{xx}^2 = 2aF_x F_{xxx} + 4F_x^2 (p_t + a p_x^2 + 2aF_0 + c_4), \tag{2.26}$$

$$bG_{yy}^2 = 2bG_y G_{yyy} + 4G_y^2 (s_t + b s_y^2 + 2bG_0 - c_4), \tag{2.27}$$

其中 c_0, c_1, c_2, c_3, c_4 为时间 t 的任意函数.

对于任意的 $F_0(x, t)$和 $G_0(y, t)$函数,要求出上述方程(2.24)-(2.27)式的一般解还是非常困难的. 但是,由于种子解 $F_0(x, t)$和 $G_0(y, t)$是所示变量的任意函数,可以先将函数 F 和 G 分别看成是关于$\{x, t\}$和$\{y, t\}$任意函数,函数 p 和 s 通过(2.24)和(2.25)式的积分后由 F 和 G 表示. 最后种子解 $F_0(x, t)$和 $G_0(y, t)$由方程(2.26)式和(2.27)式确定.

最后将(2.21)式和(2.23)-(2.27)及(2.16)式代入方程(2.15),则可以得到 GAKNS 一般分离变量解

$$q=\frac{\delta_1\delta_2\sqrt{a_1a_2F_xG_y}\exp(p+s)}{a_1F+a_2G+AFG}, \tag{2.28}$$

$$r=\frac{\delta_1\delta_2\sqrt{a_1a_2F_xG_y}}{(a_1F+a_2G+AFG)\exp(p+s)}, \tag{2.29}$$

$$w=F_0+\left(\frac{a_1F_{xx}+AGF_{xx}}{a_1F+a_2G+AFG}-\frac{(a_1F_x+AGF_x)^2}{(a_1F+a_2G+AFG)^2}\right), \tag{2.30}$$

$$v=G_0+\left(\frac{a_2G_{yy}+AFG_{yy}}{a_1F+a_2G+AFG}-\frac{(a_2G_y+AFG_y)^2}{(a_1F+a_2G+AFG)^2}\right), \tag{2.31}$$

式中 F, G 和 F_0, G_0 分别由(2.26)式和(2.27)式确定.

若考虑物理量 qr,可由表达式(2.28)和(2.29)导出

$$qr=\frac{a_1a_2F_xG_y}{(a_1F+a_2G+AFG)^2} \tag{2.32}$$

$$=\frac{a_1a_2K_xL_y}{4\left(A_1\cosh\frac{1}{2}(K+L+C_1)+A_2\cosh\frac{1}{2}(K-L+C_2)\right)^2}, \tag{2.33}$$

其中 $F=b_1+e^K$, $G=b_2+e^L$ 和

$$A_1=\sqrt{A(a_1b_1+a_2b_2+Ab_1b_2)},\ A_2=\sqrt{(a_1+Ab_2)(a_2+Ab_1)},$$

$$C_1=\ln\frac{A}{a_1b_1+a_2b_2+Ab_1b_2},\ C_2=\ln\frac{a_1+Ab_2}{a_2+Ab_1},$$

b_1 和 b_2 为常数,K 和 L 分别是关于$\{x, t\}$和$\{y, t\}$的任意函数.

2.3 多线性分离法在(2+1)维广义 Broer-Kaup 系统中的应用

现考虑(2+1)维广义 Broer-Kaup(GBK)系统[121]

$$h_t - h_{xx} + 2hh_x + u_x + Au + Bg = 0, \tag{2.34}$$

$$g_t + 2(gh)_x + g_{xx} + 4A(g_x - h_{xy}) + 4B(g_y - h_{yy}) + C(g - 2h_y) = 0, \tag{2.35}$$

$$u_y - g_x = 0, \tag{2.36}$$

其中A, B, C是任意常数. 该GBK系统是楼森岳、张顺利等最近用Painlevé分析法从一特殊的Broer-Kaup (BK)系统提出的新系统.

为分析方便,先将方程(2.34)对变量y微分一次,然后将方程(2.36)代入(2.34)式,这时GBK系统变为一组耦合的非线性系统:

$$(h_t - h_{xx} + 2hh_x)_y + g_{xx} + Ag_x + Bg_y = 0, \tag{2.37}$$

$$g_t + 2(gh)_x + g_{xx} + 4A(g_x - h_{xy}) + 4B(g_y - h_{yy}) + C(g - 2h_y) = 0. \tag{2.38}$$

现在对上述耦合系统(2.37)和(2.38)中h, g进行Painlevé-Bäcklund变换

$$h = (\ln f)_x + h_0,\ g = 2(\ln f)_{xy} + g_0, \tag{2.39}$$

这里$f = f(x, y, t)$是关于$\{x, y, t\}$的待定函数, $\{h_0, g_0\}$是系统(2.37)和(2.38)种子解. 很显然方程(2.37)和(2.38)拥有平凡的种子解

$$h_0 = h_0(x, t),\ g_0 = 0, \tag{2.40}$$

其中$h_0(x, t)$为所示变量的任意函数. 而且根据Painlevé-Bäcklund变换(2.39)和种子解(2.40),我们可以引入一个简单的变量代换$g = 2h_y$. 利用这一变换$g = 2h_y$,耦合系统(2.37)和(2.38)可以进一步约化为同一个非线性方程:

$$\partial_y(h_t + h_{xx} + 2hh_x + 2Ah_x + 2Bh_y) = 0. \tag{2.41}$$

现在将(2.39)中的第一个方程和种子解(2.40)代入方程(2.41),导出

$$[f^2\partial_{xy} - f(f_x\partial_y + f_y\partial_x + f_{xy}) + 2f_xf_y]$$
$$(f_t + f_{xx} + 2Af_x + 2Bf_y + 2h_0f_x) = 0. \tag{2.42}$$

由(2.42)式,很容易发现如果函数 f 满足

$$f_t + f_{xx} + 2Af_x + 2Bf_y + 2h_0f_x = 0, \tag{2.43}$$

则方程(2.42)自动成立.

由于方程(2.43)是一个线性方程,自然可以运用线性迭代原理,如设 f 为

$$f = \lambda + \sum_{k=1}^{N} P_k(x, t)Q_k(y, t), \tag{2.44}$$

其中 λ 是任意常数, $P_k(x, t) \equiv P_k$ 和 $Q_k(y, t) \equiv Q_k (k = 1, 2, \cdots, N)$ 分别是关于$\{x, t\}$和$\{y, t\}$变量分离函数.

将上面的 f 的设解(2.44)代入方程(2.43)可导出下面的变量分离方程组

$$P_{kt} + 2h_0P_{kx} + P_{kxx} + 2AP_{kx} + \sum_{l=1}^{M}\Gamma_{kl}(t)P_k = 0, \tag{2.45}$$

$$Q_{kt} + 2BQ_{ky} - \sum_{l=1}^{M}\Gamma_{kl}(t)Q_k = 0 \quad (l = 1, 2, \cdots, M), \tag{2.46}$$

这里 $\Gamma_{kl}(t)(k = 1, 2, \cdots, N; l = 1, 2, \cdots, M)$,是关于时间 t 的任意函数.

这样上述(2+1)维广义 BK 系统(2.37)和(2.38)的变量分离解可表示为

$$h = \frac{\sum_{k=1}^{N} P_{kx}Q_k}{\lambda + \sum_{k=1}^{N} P_kQ_k} + h_0, \tag{2.47}$$

$$g = \frac{2\sum_{k=1}^{N} P_{kx} Q_{ky}}{\lambda + \sum_{k=1}^{N} P_k Q_k} - \frac{2\sum_{k=1}^{N} P_{kx} Q_k \sum_{k=1}^{N} P_k Q_{ky}}{(\lambda + \sum_{k=1}^{N} P_k Q_k)^2}, \tag{2.48}$$

其中 h_0，P_k 和 Q_k 应满足方程(2.45)式和(2.46)式.

考虑上面变量分离解(2.47)和(2.48)的复杂性和实际讨论的方便，我们可以对它们进行适当简化，给出一些具体的特解.

情形一 考虑一种最简单的情形：$N = M = 1$，$\{P_1, Q_1\} = \{P, Q\}$，$\Gamma_{11}(t) = \tau(t)$. 上述方程(2.44)，(2.45)和(2.46)变为

$$f = \lambda + PQ, \tag{2.49}$$

$$P_t + P_{xx} + 2h_0 P_x + 2AP_x + \tau(t)P = 0, \tag{2.50}$$

$$Q_t + 2BQ_y - \tau(t)Q = 0. \tag{2.51}$$

根据方程(2.50)式很容易得出它的一般解. 由于种子解 $h_0(x, t)$ 是关于 (x, t) 的任意函数，我们可先将函数 P 看作关于变量 $\{(x, t)\}$ 的任意函数，然后种子解 h_0 由方程(2.50)确定，

$$h_0 = -\frac{P_t + 2AP_x + P_{xx} + \tau(t)P}{2P_x}. \tag{2.52}$$

至于方程(2.51)，其形式解可以直接表示为

$$Q(y, t) = S(y - 2Bt)\exp\int^t \tau(t)\,\mathrm{d}t, \tag{2.53}$$

其中 $S(y-2Bt) \equiv S$ 是关于 $(y-2Bt)$ 的任意函数.

最后，我们可以得到广义 BK 系统(2.37)和(2.38)一组特解

$$h = \frac{P_x S \exp\int^t \tau(t)\,\mathrm{d}t}{\lambda + PS\exp\int^t \tau(t)\,\mathrm{d}t} - \frac{P_t + 2AP_x + P_{xx} + \tau(t)P}{2P_x}, \tag{2.54}$$

$$g = \frac{2\lambda P_x S_y \exp\int^t \tau(t)\mathrm{d}t}{[\lambda + PS\exp\int^t \tau(t)\mathrm{d}t]^2}, \tag{2.55}$$

式中 $P(x, t)$，$S(y-2Bt)$ 和 $\tau(t)$ 为所示变量的任意函数.

情形二 用类似的方法，当考虑另一种情形：$N=3$，$M=1$，$\lambda=a_0$，$\{P_1, Q_1\}=\{p(x, t), a_1\}$，$\{P_2, Q_2\}=\{a_2, q(y, t)\}$，$\{P_3, Q_3\}=\{p(x, t), a_3 q(y, t)\}$，$\Gamma_{kl}(t)=0$，其中 $a_i(i=1, \cdots, 4)$ 为任意常数，则上述方程(2.44)，(2.45)和(2.46)式变为

$$f = a_0 + a_1 p + a_2 q + a_3 pq, \tag{2.56}$$

$$p_t + p_{xx} + 2h_0 p_x + 2Ap_x = 0, \tag{2.57}$$

$$q_t + 2Bq_y = 0. \tag{2.58}$$

根据方程(2.56)，(2.57)和(2.58)式，可以得到广义 BK 系统(2.37)和(2.38)另一组特解

$$h = \frac{p_x(a_1 + a_3 q)}{a_0 + a_1 p + a_2 q + a_3 pq} - \frac{p_t + 2Ap_x + p_{xx}}{2p_x}, \tag{2.59}$$

$$g = \frac{2(a_3 a_0 - a_2 a_1)p_x q_y}{(a_0 + a_1 p + a_2 q + a_3 pq)^2}, \tag{2.60}$$

式中 $p(x, t)\equiv p$，$q(y-2Bt)\equiv q$ 为任意函数. 值得说明一下的是，以前由 Zhang 等人得到分离变量解是现在情形二中当 $a_3=a_0=0$，$a_2=a_1=1$ 时的特解.

2.4 多线性分离变量法在其他(2+1)维非线性系统的推广

在最近的研究中，我们发现除了上述列举的(2+1)维非线性系统外，还有一些可积也具有类似多线性分离变量形式. 为了完

整起见，在这一节我们列举这些新发现的(2+1)维非线性可积系统.

2.4.1 (2+1)维广义 Nozhnik-Novikov-Veselov 系统

(2+1)维广义 Nozhnik-Novikov-Veselov(GNNV)系统[122-126]

$$v_t + av_{xxx} + bv_{yyy} + cv_x + \mathrm{d}v_y - 3a(uv)_x - 3b(vw)_y = 0, \tag{2.61}$$

$$v_x = u_y,\ v_y = w_x. \tag{2.62}$$

这里 a, b, c 和 d 为任意常数. 当 $c = d = 0$ 时，上述 GNNV 系统将退化为一般的 Nozhnik-Novikov-Veselov(2DNNV)系统

$$v_t + av_{xxx} + bv_{yyy} - 3a(uv)_x - 3b(vw)_y = 0,\ v_x = u_y,\ v_y = w_x. \tag{2.63}$$

根据第一节中的变量分离法步骤，对 GNNV 系统(2.61),(2.62)中的 v, u 和 w 进行 Painlevé-Bäcklund

$$v = \sum_{j=0}^{\alpha_1} v_j f^{j-\alpha_1},\ u = \sum_{j=0}^{\alpha_2} u_j f^{j-\alpha_2},\ w = \sum_{j=0}^{\alpha_3} w_j f^{j-\alpha_3}, \tag{2.64}$$

其中 v_{α_1}, u_{α_2} 和 w_{α_3} 是 GNNV 系统的种子解. 通过领头项分析，可知

$$\alpha_1 = \alpha_2 = \alpha_3 = 2. \tag{2.65}$$

将(2.64)和(2.65)直接代入方程(2.61)和(2.62)，考虑到 v_2, u_2 和 w_2 是该方程的已知解，得

$$\sum_{i=0}^{4} P_{1i} f^{i-5} = 0, \tag{2.66}$$

$$\sum_{i=0}^{2} P_{2i} f^{i-3} = 0,\ \sum_{i=0}^{2} P_{3i} f^{i-3} = 0, \tag{2.67}$$

这里 P_{1i}, P_{2i}, P_{3i} 是关于 $\{v_j,\ u_j,\ w_j,\ f,\ j = 0,\ 1\}$ 及其导数的函

数. 考虑到表达式 P_{1i}, P_{2i} 和 P_{3i} 的复杂性,我们略去其具体形式. 消去方程(2.66)和(2.67)中的领头项和亚领头项为零,可以确定 $\{v_j, u_j, w_j, j=0, 1\}$. 将所有结果代入(2.64),对应的 Painlevé-Bäcklund 变换变为下列对称形式

$$v=-2(\ln f)_{xy}+v_2,\ u=-2(\ln f)_{xx}+u_2,\ w=-2(\ln f)_{yy}+w_2, \tag{2.68}$$

为了进一步深入讨论, 把种子解选为

$$u_0=0,\ v_0=p_0(x, t),\ w_0=q_0(y, t), \tag{2.69}$$

其中 $p_0(x, t)$ 和 $q_0(y, t)$ 是所示变量的任意函数. 将(2.68)和(2.69)式带入方程(2.61)和(2.62),方程(2.62)自动满足,而方程(2.61)变为如下的对称形式

$$\begin{aligned}&(c-3ap_0)(2ff_xf_{xy}-f^2f_{xxy}-2f_x^2f_y+ff_{xx}f_y)+(d-3bq_0)\\&(2ff_yf_{xy}-f^2f_{yyx}-2f_y^2f_x+ff_{yy}f_x)+a[2f_x(2ff_{xxxy}+\\&3f_{xx}f_{xy}-2f_{xxx}f_y)-f^2f_{xxxxy}+ff_{xxxx}f_y-2f_{xxx}f_{xy}-6f_x^2f_{xxy}]+\\&b[2f_y(2ff_{yyyx}+3f_{yy}f_{xy}-2f_{yyy}f_x)-f^2f_{yyyyx}+ff_{yyyy}f_x-\\&2f_{yyy}f_{xy}-6f_y^2f_{yyx}]+f(f_{xy}f_t+f_{xt}f_y+f_{yt}f_x)-f^2f_{xyt}-\\&2f_xf_yf_t+3(ap_{0x}+bq_{0y})(f^2f_{xy}-ff_{xy})=0,\end{aligned} \tag{2.70}$$

上式可以改写为关于 f 的三线性形式. 要求出(2.70)式一般的通解是非常困难的,这里只寻求下列两种形式的变量分离解.

情形一

$$f=p_1(x, t)+p_2(x, t)q(y, t), \tag{2.71}$$

其中 $p_1\equiv p_1(x, t)$, $p_2\equiv p_2(x, t)$ 是 $\{x, t\}$ 的函数, $q\equiv q(y, t)$ 是 $\{y, t\}$ 的函数. 把(2.71)式代入(2.70)式,可得

$$(2f_x - f\partial_x)[a(p_{1xxx}p_2 - p_{2xxx}p_1) + 3a(p_{2xx}p_{1x} - p_{1xx}p_{2x}) + p_2p_{1t} - p_1p_{2t} + (3ap_0 - c)(p_1p_{2x} - p_2p_{1x})] + (p_1p_{2x} - p_2p_{1x})(2p_2 - q_y^{-1}f\,\partial_y)(-bq_y - q_t - dq_y + 3bq_yq_0) = 0. \tag{2.72}$$

因为 p_1 和 p_2 与 y 无关，q 与 x 无关，(2.72)可以分离成下列两个方程：

$$p_1p_{2t} - p_2p_{1t} = a(p_{1xxx}p_2 - p_{2xxx}p_1) + 3a(p_{2xx}p_{1x} - p_{1xx}p_{2x}) + (3ap_0 - c)(p_1p_{2x} - p_2p_{1x}), \tag{2.73}$$

$$q_t = 3bq_yq_0 - bq_y - dq_y. \tag{2.74}$$

从方程(2.73)和(2.74)可以确定 p_0 和 q_0 为

$$p_0 = \frac{1}{3a}\left\{\frac{p_1p_{2t} - p_2p_{1t} - a(p_{1xxx}p_2 - p_{2xxx}p_1) - 3a(p_{2xx}p_{1x} - p_{1xx}p_{2x})}{(p_1p_{2x} - p_2p_{1x})} + c\right\}, \tag{2.75}$$

$$q_0 = \frac{1}{3bq_y}(q_t + bq_y) + \frac{d}{3b}, \tag{2.76}$$

把(2.71)，(2.75)和(2.76)式代入(2.68)，可以求得GNNV方程的变量分离解

$$u = -2(\ln f)_{xy} = -\frac{2p_{2x}q_y}{p_1 + p_2q} + \frac{2(p_{1x} + p_{2x}q)p_2q_y}{(p_1 + p_2q)^2}, \tag{2.77}$$

$$v = -2(\ln f)_{xx} + v_0 = -\frac{2p_{1xx} + p_{2xx}q}{p_1 + p_2q} + \frac{2(p_{1x} + p_{2x}q)^2}{(p_1 + p_2q)^2} + p_0, \tag{2.78}$$

$$w = -2(\ln f)_{yy} + w_0 = -\frac{2p_2q_{yy}}{p_1 + p_2q} + \frac{2p_2^2q_y^2}{(p_1 + p_2q)^2} + q_0. \tag{2.79}$$

情形二

$$f=a_0+a_1p(x,t)+a_2q(y,t)+a_3p(x,t)q(y,t), \tag{2.80}$$

其中 $p(x,t)\equiv p$ 和 $q(y,t)\equiv q$ 分别只是 (x,t) 和 (y,t) 的函数, a_0, a_1, a_2 和 a_3 是任意常数. 直接把(2.80)代入(2.70)来确定变量分离解,仍然是十分繁杂的. 这里为了方便,先令 f^2 前的系数为零,可得

$$a[3(p_0f_{xy})_x-f_{xxxxy}]+b[3(q_0f_{xy})_y-f_{xyyyy}]-cf_{xxy}-df_{yyx}-f_{xyt}=0. \tag{2.81}$$

然后把(2.80)代入(2.81)导出

$$(q_t-3bq_0q_y+bq_{yyy}+dq_y)_yp_x+(p_t-3ap_0p_x+ap_{xxx}+cp_x)_xq_y=0. \tag{2.82}$$

从方程(2.82),可直接求得下列变量分离方程

$$p_t-3ap_xp_0+ap_{xxx}+cp_x=0, \tag{2.83}$$

$$q_t-3bq_yq_0+bq_{yyy}+dq_y=0. \tag{2.84}$$

将(2.80),(2.83)和(2.84)代入方程(2.70),发现(2.70)式已满足. 由于 p_0 和 q_0 分别是关于 $\{x,t\}$ 和 $\{y,t\}$ 的任意函数,对这个问题我们反过来处理: 可以先视 $p(x,t)$ 和 $q(y,t)$ 是关于 $\{x,t\}$ 和 $\{y,t\}$ 的任意函数,然而种子解 p_0 和 q_0 能通过方程(2.83)和(2.84)确定. 于是就可以求得 GNNV 系统的变量分离解

$$v=\frac{2(a_1a_2-a_3a_0)p_xq_y}{(a_0+a_1p+a_2q+a_3pq)^2}, \tag{2.85}$$

$$u=\frac{2(a_1+a_3q)^2p_x^2}{(a_0+a_1p+a_2q+a_3pq)^2}-\frac{2(a_1+a_3q)p_{xx}}{a_0+a_1p+a_2q+a_3pq}+\frac{p_t+ap_{xxx}+cp_x}{3ap_x}, \tag{2.86}$$

$$w=\frac{2(a_2+a_3p)^2q_y^2}{(a_0+a_1p+a_2q+a_3pq)^2}-\frac{2(a_2+a_3p)q_{yy}}{a_0+a_1p+a_2q+a_3pq}+\frac{q_t+bq_{yyy}+dq_y}{3bq_y}, \tag{2.87}$$

其中 $p(x, t)$, $q(y, t)$ 为关于 $\{x, t\}$ 和 $\{y, t\}$ 的任意函数, a_0, a_1, a_2, a_3 为任意常数.

值得说明的是表达式(2.85)对其他(2+1)维非线性系统也是有效的,如 Nozhnik-Novikov-Veselov(NNV)系统、不对称 Nozhnik-Novikov-Veselov(ANNV)系统、Davery-Stewartson(DS)方程、不对称 Davery-Stewartson(ADS)方程、Ablowitz-Kaup-Newell-Segur(AKNS)系统、Broer-Kaup(BK)系统、Burgers 方程、破裂孤子系统(Breaking soltion system)、Maccari 系统、长波色散方程等. 所以,表达式(2.85)可被视为上述(2+1)维非线性系统的一个通式.

2.4.2 (2+1)维 Boiti-Leon-Pempinelli 系统

现在考虑下面的(2+1)维 Boiti-Leon-Pempinelli(BLP)系统[127,128]

$$u_{yt} - (u^2)_{xy} + u_{xxy} - 2v_{xxx} = 0, \tag{2.88}$$

$$v_t - v_{xx} - 2uv_x = 0. \tag{2.89}$$

上述(2+1)维 BLP 系统的可积性已被 Boiti 等人证明,他们还证明了,通过适当的变换,BLP 系统可以从著名的 sin-Gordon 方程或 sinh-Gordon 方程导出. 这些方程出现在数学物理的许多分支,并被广泛地应用于原子物理、分子物理、粒子物理和浅水波模型等实际问题中. 在文[129]中,Zhang 等人运用直接代数法得到了上述(2+1)维 BLP 系统的一些特殊的精确解.

先对 BLP 系统(2.88)和(2.89)作 Painlevé-Bäcklund 变换

$$u = (\ln f)_x + u_1,\ v = (\ln f)_y + v_1. \tag{2.90}$$

这种变换可直接从标准的 Painlevé 截断展开得到,式中的 u_1 和 v_1 是 BLP 系统的种子解. 为了进一步讨论,我们选种子解 u_1 和 v_1 为 $u_1 = u_1(x, t)$, $v_1 = 0$, 其中 $u_1(x, t)$ 是所示变量的任意函数. 将式(2.90)和种子解代入 BLP 系统(2.88)和(2.89)导出

$$[f_{xyt}-2(f_{xy}u_1)_x-(f_{xxxy})_x]f^2+[2f_y(f_xu_1)_x+$$
$$f_yf_{xxx}-(f_xf_y)_t+(f_{xy}f_x)_x+4u_1f_{xy}f_x-$$
$$f_{xy}f_t]f+2(f_xf_t-2u_1f_{xx}-f_{xx}f_x)f_y=0, \qquad (2.91)$$

$$f(f_{yt}-f_{xxy}-2u_1f_{xy})+(2u_1f_x+f_{xx}-f_t)f_y=0, \qquad (2.92)$$

经过仔细分析,方程(2.91)和(2.92)可以约化为一线性系统

$$f_t-f_{xx}-2u_1f_x=0. \qquad (2.93)$$

由于(2.93)只是一个线性方程，当然可以用线性叠加原理,如

$$f=Q_0(y)+\sum_{k=1}^{N}P_k(x,\ t)Q_k(y,\ t), \qquad (2.94)$$

这时 $P_k(x,\ t)\equiv P_k$ 和 $Q_k(y,\ t)\equiv Q_k(k=1,\ 2,\ \cdots,\ N)$ 分别是所示变量$\{x,\ t\}$和$\{y,\ t\}$的待定函数, $Q_0(y)\equiv Q_0$. 将设解(2.94)代入方程(2.93)可以导出下述分离变量方程组

$$\begin{aligned}&P_{kt}-P_{kxx}-2u_1P_{kx}+b_k(t)P_k=0,\\&Q_{kt}-b_k(t)Q_k=0\quad(k=1,\ 2,\ \cdots,\ N).\end{aligned} \qquad (2.95)$$

式中 $b_k(t)$是关于时间 t 的任意函数. 从而上述 BLP 系统的一般分离变量解为

$$u=\frac{\sum_{k=1}^{N}P_{kx}Q_k}{Q_0+\sum_{k=1}^{N}P_kQ_k}+u_1,\quad v=\frac{\sum_{k=1}^{N}P_kQ_{ky}}{Q_0+\sum_{k=1}^{N}P_kQ_k}, \qquad (2.96)$$

其中 u_1, P_k 和 Q_k 满足(2.95)式约束条件.

与其相应的势函数 $G(G\equiv u_y\equiv v_x)$ 为

$$G=(\ln f)_{xy}=\frac{\sum_{k=1}^{N}P_{kx}Q_{ky}}{Q_0+\sum_{k=1}^{N}P_kQ_k}-\frac{\sum_{k=1}^{N}P_{kx}Q_k\left(Q_{0y}+\sum_{k=1}^{N}P_kQ_{ky}\right)}{\left(Q_0+\sum_{k=1}^{N}P_kQ_k\right)^2}. \tag{2.97}$$

为了方便讨论一般变量分离解和一般势函数 G 的一些性质，我们给出一些特解. 这里我们先考虑一种最简单的情况：取 $N=M=1$，$\{P_1, Q_1\}\equiv\{P, Q\}$，$b_1(t)\equiv c(t)$，则上述方程(2.94)和(2.95)变为

$$f=Q_0+PQ, \tag{2.98}$$

$$P_t-P_{xx}-2u_1P_x+c(t)P=0, \tag{2.99}$$

$$Q_t-c(t)Q=0. \tag{2.100}$$

根据方程(2.99)和(2.100)，可以得到它们的一般解. 由于种子解 $u_1(x, t)$是关于(x, t)的任意函数，我们可以认为 P 是(x, t)的任意函数，再由(2.99)式确定种子解 $u_1(x, t)$，即

$$u_1=\frac{P_t-P_{xx}+c(t)P}{2P_x}. \tag{2.101}$$

至于方程(2.100)，可以直接写出其解

$$Q(y, t)=\varphi(y)\exp\int^t c(t)\mathrm{d}t, \tag{2.102}$$

这里 $\varphi(y)\equiv\varphi$ 是关于 y 的任意函数.

最后我们可以得到该 BLP 系统一组特殊形式的变量分离解

$$u=\frac{P_x\varphi\exp\int^t c(t)\mathrm{d}t}{Q_0+P\varphi\exp\int^t c(t)\mathrm{d}t}+\frac{P_t-P_{xx}+c(t)P}{2P_x}, \tag{2.103}$$

$$v=\frac{(a_2+a_3P)\varphi_y\exp\int^t c(t)\mathrm{d}t}{Q_0+P\varphi\exp\int^t c(t)\mathrm{d}t},\tag{2.104}$$

$$G=\frac{P_x(\varphi_yQ_0-\varphi Q_{0y})\exp\int^t c(t)\mathrm{d}t}{\left[Q_0+P\varphi\exp\int^t c(t)\mathrm{d}t\right]^2},\tag{2.105}$$

其中 $P(x,t)$, $Q_0(y)$, $\varphi(y)$ 和 $c(t)$ 是四个所示变量的任意函数.

类似地,依据解(2.96)和(2.97),当 $N=3$, $b_k(t)=0$, $Q_0=a_0$, $Q_1=a_1$, $Q_2=a_2Q$, $Q_3=a_3Q$ $(a_i=\text{consts},\ i=0,\cdots,3)$, $P_1=P_3=P$ 和 $P_2=1$, 上述方程(2.94)和(2.95) 变为

$$f=a_0+a_1P+a_2Q+a_3PQ,\tag{2.106}$$

$$P_t-P_{xx}-2u_1P_x=0,\ Q_t=0,\tag{2.107}$$

从而,我们可以得到 BKP 系统另一组特解

$$u=\frac{(a_1+a_3Q)P_x}{a_0+a_1P+a_2Q+a_3PQ}+\frac{P_t-P_{xx}}{2P_x},\tag{2.108}$$

$$v=\frac{(a_2+a_3P)Q_y}{a_0+a_1P+a_2Q+a_3PQ},\tag{2.109}$$

$$G=(\ln f)_{xy}=\frac{(a_3a_0-a_2a_1)P_xQ_y}{(a_0+a_1P+a_2Q+a_3PQ)^2},\tag{2.110}$$

式中 $P(x,t)\equiv P$ 和 $Q(y)\equiv Q$ 是所示变量的两个任意函数.

2.4.3 (2+1)维广义非线性 Schrödinger 系统

现考虑(2+1)维广义非线性 Schrödinger(GNLS)系统[130,132]

$$\mathrm{i}q_t+(\alpha-\beta)q_{xx}+(\alpha+\beta)q_{yy}-2\sigma q\left[(\alpha+\beta)\left(\int_{-\infty}^{x}|q|_y^2\mathrm{d}x+u_1(y,t)\right)+\right.$$

$$(\alpha-\beta)\left(\int_{-\infty}^{y} |q|_x^2 \mathrm{d}y + u_2(x, t)\right)\Big] = \mathrm{i}\epsilon F, \qquad (2.111)$$

式中 $\lambda=\pm 1$, α 和 β 是任意实数, $\varphi(x, y, t)$ 是代表相应的物理场量的复变函数, $u_1(y, t)$ 和 $u_2(x, t)$ 构成系统边界流条件的实变函数, $\mathrm{i}\epsilon F$ 表示系统的扰动项.

显然,上述广义非线性 Schrödinger 系统 (2.111) 包含了几类重要的可积系统. 如: $\alpha=\beta=\frac{1}{2}$ 和 $u_1\neq 0$, 从 GNLS 系统(2.111)可以导出最简单的(2+1)维非线性 Schrödinger(NLS)系统并可进一步简化为(1+1)维非线性 Schrödinger(NLS)系统(当 $y=x$ 和 $u_1=0$). 当 $\alpha=1$, $\beta=0$, GNLS 系统 (2.111) 可以认为是著名的 Davey-Stewarson I (DSI)方程,其常出现在流体动力学中,描述液面上长波和短波的相互作用. 在这种情形下,变量 q 代表表面波波包的波幅,相应地 $|q|^2$ 表示表面波波包的波幅模的平方. 类似地,当 $\alpha=0$, $\beta=1$, GNLS 系统(2.111)则退化为 Davey-Stewarson III (DSIII)方程.

考虑到 GNLS 系统的扰动项的复杂性,这里只研究一种特殊情形,即扰动项为: $F\equiv iE(t)q$. 同时为了方便讨论,我们还引入下面的变换:

$$H=-\sigma\left(\int_{-\infty}^{y} |q|_x^2 \mathrm{d}y + u_2(x, t)\right) + \frac{\epsilon E(t)}{4(\alpha-\beta)}, \qquad (2.112)$$

$$G=-\sigma\left(\int_{-\infty}^{x} |q|_y^2 \mathrm{d}x + u_1(y, t)\right) + \frac{\epsilon E(t)}{4(\alpha+\beta)}, \qquad (2.113)$$

则上述 GNLS 系统变为具有三个变量的非线性方程组

$$\mathrm{i}q_t + aq_{xx} + bq_{yy} + 2(aH+bG)q = 0, \qquad (2.114)$$

$$H_y = -\sigma |q|_x^2, \qquad (2.115)$$

$$G_x = -\sigma |q|_y^2, \qquad (2.116)$$

其中 $\alpha-\beta=a$, $\alpha+\beta=b$ 和 $\sigma=1$.

先对上述GNLS系统(2.114)～(2.116)进行Painlevë-Bäcklund变换

$$q=\frac{g}{f}+q_0,\ H=(\ln f)_{xx}+H_0,\ G=(\ln f)_{yy}+G_0, \tag{2.117}$$

其中 f 是实变函数，g 是复变函数，$(q_0,\ H_0,\ G_0)$ 是种子解. 将(2.117)式直接代入方程组(2.114)-(2.116)，可导出如下的双线性形式

$$(aD_x^2+bD_y^2+\mathrm{i}D_t)g\cdot f+q_0(aD_x^2+bD_y{}^2)f\cdot f+2fg(aH_0+bG_0)+$$
$$2f^2q_0(aH_0+bG_0)+f^2(aq_{0xx}+bq_{0yy})+\mathrm{i}f^2q_{0t}=0, \tag{2.118}$$

$$D_xD_yf\cdot f+2(gg^*+fg^*q_0+fgq_0^*+f^2q_0q_0^*)+$$
$$2f^2(\partial_x^{-1}H_0)_y=0, \tag{2.119}$$

$$D_xD_yf\cdot f+2(gg^*+fg^*q_0+fgq_0^*+f^2q_0q_0^*)+$$
$$2f^2(\partial_y^{-1}G_0)_x=0, \tag{2.120}$$

式中 ∂_x^{-1}，∂_y^{-1} 分别是对变量 x 和 y 的积分符，D_x，D_y，D_t 是广田双线性算子.

取种子解$(q_0,\ H_0,\ G_0)$为

$$q_0=0,\ H_0=u_0(x,\ t),\ G_0=v_0(y,\ t), \tag{2.121}$$

则方程(2.118)-(2.120)化简为

$$(aD_x^2+bD_y^2+\mathrm{i}D_t)g\cdot f+2fg(au_0+bv_0)=0, \tag{2.122}$$

$$D_xD_yf\cdot f+2gg^*=0. \tag{2.123}$$

现在设函数 f 和 g 的分离变量形式为

$$f=a_1u+a_2v+a_3uv,\ g=u_1v_1\exp(\mathrm{i}r+\mathrm{i}s), \tag{2.124}$$

式中 a_1，a_2，a_3 为任意常数，

$$u \equiv u(x, t), u_1 \equiv u_1(x, t), r \equiv r(x, t),$$

$$v \equiv v(y, t), v_1 \equiv v_1(y, t), s \equiv s(y, t)$$

是所示变量的实变函数，将分离变量形式解(2.124)式代入方程(2.123)，得

$$u_1^2 = a_1 a_2 c_0^{-1} u_x, \ v_1^2 = c_0 v_y, \tag{2.125}$$

其中 $c_0(t) \equiv c_0$ 是关于时间 t 的任意函数. 因 u 和 v 为实变函数，则有约束条件

$$a_1 a_2 c_0^{-1} u_x \geqslant 0, c_0 v_y \geqslant 0. \tag{2.126}$$

类似地，将分离变量形式解(2.124)式和约束条件(2.125)代入(2.122)式，导出下述变量分离方程组

$$u_t + 2ar_x u_x - c_1(a_2 + a_3 u)^2 - c_2(a_2 + a_3 u) - a_1 a_2 c_3 = 0, \tag{2.127}$$

$$v_t + 2bs_y v_y + c_3(a_1 + a_3 v)^2 + c_2(a_1 + a_3 v) + a_1 a_2 c_1 = 0, \tag{2.128}$$

$$2bv_y v_{yyy} - 4(s_t + bs_y^2 - 2bv_0)v_y^2 - bv_{yy}^2 - c_4 v_y^2 = 0, \tag{2.130}$$

$$2au_x u_{xxx} - 4(r_t + ar_x^2 - 2au_0)u_x^2 - au_{xx}^2 + c_4 u_x^2 = 0. \tag{2.132}$$

式中 c_1, c_2, c_3, c_4 均为时间 t 的任意函数. 由于种子解 $u_0(x, t)$ 和 $v_0(y, t)$ 是所示变量的任意函数，我们可以将函数 u 和 v 取为关于 $\{x, t\}$ 和 $\{y, t\}$ 的但满足条件(2.126)的任意函数. 函数 r 和 s 可以通过(2.130)式和(2.131)式积分，由函数 u 和 v 表示. 种子解 u_0 和 v_0 由(2.129)式和(2.130)式确定.

最后将(2.124)式连同(2.130)～(2.131)式代入(2.117)式，可以得到GNLS系统一般的分离变量解

$$q=\frac{\sqrt{a_1a_2u_xv_y}\exp(\mathrm{i}r+\mathrm{i}s)}{a_1u+a_2v+a_3uv},\tag{2.131}$$

$$H=u_0+\frac{a_1u_{xx}+a_3vu_{xx}}{a_1u+a_2v+a_3uv}-\frac{(a_1u_x+a_3vu_x)^2}{(a_1u+a_2v+a_3uv)^2},\tag{2.132}$$

$$G=v_0+\frac{a_2v_{yy}+a_3uv_{yy}}{a_1u+a_2v+a_3uv}-\frac{(a_2v_y+a_3uv_y)^2}{(a_1u+a_2v+a_3uv)^2},\tag{2.133}$$

式中 u 和 v 为任意函数，a_1，a_2，a_3 为任意实数，约束条件为(2.126)式. 函数 r 和 s 与 u 和 v 关系分别由(2.129)式和(2.130)确定. 特别地，对于场量 q 的模，其平方值为

$$\begin{aligned}Q=|q|^2&=\frac{a_1a_2u_xv_y}{(a_1u+a_2v+a_3uv)^2}\\&=\frac{a_1a_2U_xV_y}{4\left(A_1\cosh\frac{1}{2}(U+V+C_1)+A_2\cosh\frac{1}{2}(U-V+C_2)\right)^2},\end{aligned}\tag{2.134}$$

其中

$$u=b_1+\mathrm{e}^U,\ v=b_2+\mathrm{e}^V,$$

$$A_1=\sqrt{a_3(a_1b_1+a_2b_2+a_3b_1b_2)},\ A_2=\sqrt{(a_1+a_3b_2)(a_2+a_3b_1)},$$

$$C_1=\ln\frac{a_3}{a_1b_1+a_2b_2+a_3b_1b_2},\ C_2=\ln\frac{a_1+a_3b_2}{a_2+a_3b_1},$$

b_1 和 b_2 为任意常数. U 和 V 分别是关于 $\{x,t\}$ 和 $\{y,t\}$ 的满足约束条件 $a_1a_2U_xV_y\geqslant 0$ 的任意函数.

若恰当选取函数 u 和 v 或 U 和 V 避开奇点，可以发现 GNLS 系

统中存在大量不同局域激发模式.

2.4.4 (2+1)维新色散长波系统

现在我们考虑下面的一个新(2+1)维色散长波系统[133,134]

$$\lambda q_t + q_{xx} - 2q\int(qp)_x \mathrm{d}y, \tag{2.135}$$

$$\lambda p_t + p_{xx} - 2p\int(qp)_x \mathrm{d}y. \tag{2.136}$$

为讨论方便,先作变换 $qp = w_y$,其中 w 是研究需要而引进的物理场量,则方程(2.135)和(2.136)变成为

$$\lambda q_t + q_{xx} - 2qw_x = 0, \tag{2.137}$$

$$\lambda p_t - p_{xx} + 2pw_x = 0, \tag{2.138}$$

$$qp = w_y, \tag{2.139}$$

其中积分函数取为零.

现对(2.137),(2.138)和(2.139)式中的 p, q 和 w 进行如下的 Painlevé-Bäcklund 变换

$$q = \frac{Q}{f} + q_0,\ p = \frac{P}{f} + p_0,\ w = -(\ln f)_x + w_0, \tag{2.140}$$

其中 f, P, Q 分别是$\{x, y, t\}$的任意函数,(q_0, p_0, w_0)是任意已知的种子解.实际上,上述变换可以从标准 Painlevé 截断展开得到,将(2.140)式代入方程(2.137)—(2.139)式,可得到该方程的双线性形式

$$(D_x^2 + \lambda D_t)Q \cdot f + q_0 D_x^2 f \cdot f + f^2(q_{0xx} + \lambda q_{0t}) -$$
$$2fw_{0x}(Q + fq_0) = 0, \tag{2.141}$$

$$(D_x^2 - \lambda P_t)P \cdot f + p_0 D_x^2 f \cdot f + f^2(p_{0xx} - \lambda q_{0t}) -$$
$$2fw_{0x}(P + fp_0) = 0, \tag{2.142}$$

$$D_xD_yf\cdot f+2(PQ+fPq_0+fQp_0+f^2p_0q_0-f^2w_{0y})=0. \tag{2.143}$$

为了讨论方便,把种子解(q_0, p_0, w_0)选为 $q_0=0$, $p_0=0$, $w_0=F_0(x, t)$. 那么方程(2.141)-(2.143) 可以简化为如下形式

$$(D_x^2+\lambda D_t)Q\cdot f-2fQF_{0x}=0, \tag{2.144}$$

$$(D_x^2-\lambda D_t)P\cdot f-2fPF_{0x}=0, \tag{2.145}$$

$$D_xD_yf\cdot f+2PQ=0. \tag{2.146}$$

要求一般的通解是非常困难的,这里寻求下列形式的变量分离解

$$f=a_1F+a_2G+a_3FG,\ Q=F_1G_1\exp[\lambda(r+s)],\ P=\frac{F_1G_1}{\exp[\lambda(r+s)]}, \tag{2.147}$$

其中 a_1, a_2, a_3 是任意常数, $F\equiv F(x, t)$, $G\equiv G(y, t)$, $F_1\equiv F_1(x, t)$, $G_1\equiv G_1(y, t)$, $r\equiv r(x, t)$, $s\equiv s(y, t)$ 分别是指定变量的任意函数.将(2.147)代入方程(2.144),整理得

$$F_1^2G_1^2-a_1a_2F_xG_y=0. \tag{2.148}$$

由于函数 F, F_1 只是$\{x, t\}$的函数,G, G_1 只是$\{y, t\}$的函数,因此方程(2.148)可以通过下列分离方程求解

$$F_1=\delta_1\sqrt{a_1a_2\,c_0^{-1}F_x},\ G_1=\delta_2\sqrt{c_0G_y}\quad(\delta_1^2=\delta_2^2=1). \tag{2.149}$$

相类似,将方程(2.147)代入方程(2.145)和(2.146)式并考虑(2.149)式,可导出下列变量分离方程

$$a_1a_2F_t+2a_1a_2r_xF_x+c_1F^2+c_2a_2F+c_3a_2^2=0, \tag{2.150}$$

$$-a_1^2G_t+(c_1-c_2a_3+c_3a_3^2)G^2+a_1(-c_2+2c_3a_3)G+a_1^2c_3=0, \tag{2.151}$$

$$-8F_x^2F_{0x}+2F_xF_{xxx}+4\lambda^2F_x^2(r_x^2+r_t+b_t)-F_{xx}^2=0, \tag{2.152}$$

$$s=g(y)+b(t), \tag{2.153}$$

其中 $g(y)$, $b(t)$, $c_1(t)$, $c_2(t)$, $c_3(t)$是所示变量的任意函数.

要得到方程(2.150),(2.151)和(2.152)的一般解仍然是非常困难的. 这里可以从另一角度处理,由于 F_0是一个任意种子解,因此 F 也是$\{x, t\}$的任意函数. 函数 r 也可以经过方程(2.150)积分由 F 表示,而 F_0 可以由方程(2.152)固定,于是有

$$r_x=\frac{-1}{2a_1a_2F_x}(c_1F^2+c_2a_2F+c_3a_2^2+a_1a_2F_t), \tag{2.154}$$

$$F_{0x}=\frac{1}{8F_x^2}[2F_xF_{xxx}+4\lambda^2F_x^2(r_x^2+r_t+b_t)-F_{xx}^2]. \tag{2.155}$$

至于 Riccati 方程(2.151),它的一般解具有以下的形式解

$$G(y,t)=\frac{A_1(t)}{A_2(t)+U(y)}+A_3(t), \tag{2.156}$$

其中$U(y)$是变量 y 的任意函数,而 A_1, A_2 和 A_3 是变量 t 的任意函数,它们的相互关系由下列方程

$$c_1=\frac{-1}{A_1}(2a_1a_3A_3A_{2t}+a_1a_3A_{1t}+a_1^2A_{2t}-a_3^2A_1A_{3t}+ \\ a_3^2A_3^2A_{2t}+a_3^2A_3A_{1t}), \tag{2.157}$$

$$c_2=\frac{-1}{A_1}(2a_1A_3A_{2t}+a_1A_{1t}-2a_3A_1A_{3t}+2a_3A_3^2A_{2t}+2a_3A_3A_{1t}), \tag{2.158}$$

$$c_3=\frac{-1}{A_1}(A_3A_{1t}+A_3^2A_{2t}-A_1A_{3t}). \tag{2.159}$$

通过任意函数 $c_1(t)$，$c_2(t)$，$c_3(t)$确定. 利用关系(2.157)～(2.159)，Riccati 方程(2.151)变为

$$G_t = \frac{-1}{A_1}[A_{2t}G^2 - (A_{1t} + 2A_3A_{2t})G + A_3^2A_{2t} + A_3A_{1t} - A_1A_{3t}]. \tag{2.160}$$

我们可以直接证明(2.156)式是方程(2.160)的一般解.

最后将带有(2.149)，(2.153)式的(2.147)式代入(2.140)式，得到(2+1)维新色散长波方程(2.137)-(2.139)如下形式的分离变量解

$$q = \frac{\delta_1\delta_2\sqrt{a_1a_2F_xG_y}\exp[\lambda(r + g(y) + b(t))]}{a_1 F + a_2G + a_3FG}, \tag{2.161}$$

$$p = \frac{\delta_1\delta_2\sqrt{a_1a_2F_xG_y}}{(a_1 F + a_2G + a_3FG)\exp[\lambda(r + g(y) + b(t))]}, \tag{2.162}$$

$$w = F_0 - \frac{a_1F_x + a_3F_xG}{a_1F + a_2G + a_3FG}, \tag{2.163}$$

其中 $F(x, t)$，$G(y, t)$，$g(y)$和 $b(t)$分别是对应变量的任意函数，而 r 和 F_0 由方程(2.154)和(2.155)确定. 对于(2+1)维新色散长波方程(2.137)-(2.139)的势函数 qp，可从解(2.161)和(2.162)得到

$$qp = \frac{a_1a_2F_xG_y}{(a_1 F + a_2G + a_3FG)^2}. \tag{2.164}$$

类似地，由于在各类解中也具有可选的任意函数，同样存在不同形式的局域激发.

2.5 基于分离变量解的(2+1)维局域激发模式

在上几节的讨论中，我们用多线性分离变量法研究了若干非线

性系统,如 GBK 系统,GNNV 系统,GAKNS 系统,BLP 系统,GNLS 系统和新色散长波系统等. 下面我们来分析一下这些解的特点. 第一,这些解中均含有任意函数;第二,这些系统中的若干物理场量或其势函数具有相似的表达式. 如: 比较一下 GBK 系统的解(2. 60)式、GNNV 系统的解(2. 85)式、GAKNS 系统的解(2. 32)式、BLP 系统的解(2. 110)式、GNLS 系统的解(2. 133)式及新色散长波系统的解(2. 164)式,可以发现经标度变换后,它们是完全相同的. 事实上,有一通式存在于若干非线性系统中,即

$$V=\frac{\kappa(a_3a_0-a_2a_1)p_xq_y}{(a_0+a_1p+a_2q+a_3pq)^2}, \tag{2.165}$$

式中 $\kappa=\pm 1$ 或 $\kappa=\pm 2$, $p(x,t)\equiv p$ 为所示变量的任意函数,而 $q(y,t)\equiv q$ 可能为 Riccati 方程解或为任意函数.

物理场量或势 V(2. 165)式中函数 p 和 q 的任意性意味着 V 可能存在丰富的局域激发模式及其相关的非线性动力学行为. 一般地选取解中的任意函数 p 和 q,物理量 V 可能存在奇点. 但是,如果适当地选取解中的任意函数 p 和 q 以避开这些奇点,人们会发现 V 存在丰富的局域激发模式. 下面我们列举部分现已发现的典型局域激发模式,略去相应的孤子结构图,感兴趣的读者可以参阅文后的相关文献,如: 综述文献[59,112]等.

1. 半直线孤子(solitoff)和平面相干孤子(dromion)激发

如果选取物理量 V(2. 165)式中任意函数 p 和 q 为

$$\begin{cases}p=1+\sum_{i=1}^{N}\exp(k_ix+\omega_it+x_{0i})\equiv 1+\sum_{i=1}^{N}\exp(\xi_i),\\ q=\sum_{i=1}^{M}\exp(K_{iy}+y_{0i})\sum_{j=1}^{J}\exp(\Omega_jt),\end{cases} \tag{2.166}$$

式中 x_{0i}, y_{0i}, k_i, ω_i, K_i 和 Ω_i 为任意常数,没有色散关系,M, N 和 J 为任意正整数,则可以得到共振的半直线孤子(solitoffs, $a_3=0$)和平面相干孤子(dromions, $a_3\neq 0$).

2. 多 dromions 激发和 dromions 格点共振激发

在(2.166)条件下,V(2.165)虽然存在着一些共振 dromion 解,但是还无法给出多 dromion 解. 为了得到多 dromion 激发和 dromions 格点共振,需要重新选择任意函数 p 和 q 的表达式. 一种简单的方法是将 p 和 q 取为曲线或直线孤子. 先将(2.165)改写为(取 $\kappa=2$)

$$V=\frac{Q_y P_x(a_1 a_2)}{2\left[A_1\cosh\frac{1}{2}(P+Q+C_1)+A_2\cosh\frac{1}{2}(P-Q+C_2)\right]^2},\tag{2.167}$$

式中 P 和 Q 与 p 和 q 的关系为 $p=b_1\exp(P)$, $q=b_2\exp(Q)$,

$$A_1=\sqrt{a_3(a_1b_1+a_2b_2+a_3b_1b_2)},\ A_2=\sqrt{(a_1+a_3b_2)(a_2+a_3b_1)},$$

$$C_2=\ln\frac{a_1+a_3b_2}{a_2+a_3b_2},\ C_1=\ln\frac{a_3}{a_1b_1+a_2b_2+a_3b_1b_2},$$

b_1 和 b_2 为任意常数. (2.165)式或(2.167)式的多 dromion 解可由二族直线孤子和一族曲线孤子相干激发. 如:第一族直线孤子的因子 Q_y 取为

$$Q_y=\sum_{i=1}^{N}Q_i(y-y_{i0}),\tag{2.168}$$

其中 $Q_i=Q_i(y-y_{i0})$ 表示一直线孤子,其在直线处 $y=y_{i0}$ 有限,在其他地方迅速衰减. 类似地,选取第二族直线孤子的因子 P_x. 曲线孤子由下列因子决定 $A_1\cosh(P+Q+C_1)$ 和 $A_2\cosh(P-Q+C_2)$,(2.167)其相应曲线为

$$P+Q+C_1=\min(P+Q+C_1),\ P-Q+C_2=\min(P-Q+C_2),\tag{2.169}$$

方程(2.169)的分支数决定 dromions 的个数,它们分别位于这些直线

和曲线的交叉点或曲线间的最近邻处.

为了得到 dromions 格点共振激发,我们可以选取任意函数 p 和 q 为

$$p=\sum_{i=1}^{N}\tanh(k_i x+\omega_i t+x_{0i})\equiv\sum_{i=1}^{N}\tanh(\xi_i),\qquad(2.170)$$

$$q=\sum_{j=1}^{M}\tanh(K_j y+\Omega_j t+y_{0j})\equiv\sum_{j=1}^{M}\tanh(\eta_j),\qquad(2.171)$$

其中 k_i, ω_i, K_j, Ω_j, x_{0i} 和 y_{0j} 是任意常数,M, N 为任意正整数,那么表达式(2.165)就成为多 dromion 格点共振孤子.

3. 多 lumps 激发

在高维非线性模型中,所有方向都收敛的局域激发模式除了指数收敛的 dromion 解外,另一个重要的是代数收敛的 lump 解. (2+1)维可积系统的多 lump 解可以通过对任意函数的多种选取而得到. 例如,选取解(2.165)式中的任意函数 p 和 q 满足条件: $\forall x$, y, t, $p>0$, $q>0$ 和 $a_1>0$, $a_2>0$, $a_3>0$, 则可以得到非奇异的多 lump 局域激发解. 如:

$$p=\sum_{i=1}^{M}b_i(1+\xi_i^{2m_i})^{-\alpha_i},\ q=\sum_{i=1}^{N}c_i(1+\eta_i^{2m_i})^{-\beta_i},\qquad(2.172)$$

式中 $\xi_i=k_i x+\omega_i t+x_{0i}$, $\eta_i=l_i y+\nu_i t+y_{0i}$, $\{m_i, n_i\}$ 为正整数, b_i, c_i, k_i, l_i, ω_i, ν_i, $\alpha_i>0$, $\beta_i>0$ 为任意常数.

4. 振荡 dromions 激发和振荡 lumps 激发

在上述的 dromions 和 lumps 解中,若在选取任意函数 p 和 q 时包含周期性函数或准周期函数,则相应的 dromions 解和 lumps 解具有振动或振荡行为.

5. 多环孤子激发

在高维模型中,除了点状的局域激发模式外,还具有其他物理意义的局域激发模式. 例如,在上述的(2+1)维模型中存在着环孤子解,它在一些封闭的曲线上不恒等于零而当远离曲线时迅速衰减,如

以指数形式衰减.

6. 多呼吸子激发

在(1+1)维模型中,呼吸子是另一类非常重要的非线性激发模式. 利用解(2.165)式中函数 p 和 q 的任意性可以构造出具有丰富结构的(2+1)维模型中的呼吸子激发模式. 这类呼吸子可以通过多种方式呼吸,如: 振幅呼吸、半径呼吸、位置呼吸,甚至孤子数呼吸等. 事实上,任意(1+1)维可积系统的呼吸子解,如 sine-Gordon 方程和非线性 Schrödinger 模型的呼吸子均可用来构造(2+1)维模型的多呼吸子.

7. 多瞬子激发

若在选取任意函数 p 和 q 时包含一些关于时间 t 衰减函数,如 sech 函数,那么根据解(2.168)就可以找到瞬子解. 在极短的时间时,瞬子的振幅会出现快速衰减现象.

8. 多峰孤子激发

峰孤子首先由 Camassa 和 Holm 在(1+1)维 Camassa-Holm 方程[36]

$$u_t + 2ku_x - u_{xxt} + 3uu_x = 2u_x u_{xx} + uu_{xxx}, \qquad (2.173)$$

中发现,其解表达式为

$$u(x, t) = -k + c\exp(-|x - ct|), \ k \to 0. \qquad (2.174)$$

显然,在顶峰是不连续的. 他们关于这类(1+1)维非线性系统的弱解的开拓性工作引起了许多物理学家和数学家的兴趣. 由于这类孤立波解在其顶峰处是不连续的,被称为峰孤子解. 虽然早已知道 Camassa Holm 方程的(1+1)维孤子解,Camassa Holm 方程也已通过多种途径被推广到了(2+1)维的情形[37],但是关于(2+1)维可积系统的峰孤子解的研究甚少. 直到最近才取得实质性进展,楼发现了在(2+1)维模型的峰孤子.

如果选取任意函数 p 或 q 为一些分段连续的函数,另一个取连续函数,或者 p 和 q 均为一些分段连续的函数,那么根据解(2.165)就可发现多峰孤子的激发模式. 如:

$$p = a + \sum_{i=1}^{M} \begin{cases} X_i(x + c_i t), \ x + c_i t \leqslant 0, \\ -X_i(-x - c_i t) + 2X_i(0), \ x + c_i t > 0, \end{cases} \tag{2.175}$$

$$q = b + \sum_{i=1}^{N} \begin{cases} Y_i(y + d_i t), \ y + d_i t \leqslant 0, \\ -Y_i(-y - d_i t) + 2Y_i(0), \ y + d_i t > 0, \end{cases} \tag{2.176}$$

式中 a, b 为常数, $X_i(x+c_i t) \equiv X_i(\xi_i)$ 和 $Y_i(y+d_i t) \equiv Y_i(\eta_i)$ 为所示变量的可微函数,且具有边界条件: $X_i(\pm\infty) = C_{\pm i}$, $(i = 1, 2, \cdots, M)$ 和 $Y_i(\pm\infty) = D_{\pm i}$ $(i = 1, 2, \cdots, N)$, 其中 $C_{\pm i}$ 和 $D_{\pm i}$ 为常数或者趋于无穷.

9. 多紧致子激发

除了峰孤子解,(1+1)维可积系统中还存在着另外一类被称为紧致子的弱解. 这类孤子首先由 Rosenau 和 Hyman 在 $K(m, n)$ 方程中发现[46,47]

$$u_t + a(u^m)_x + (u^n)_{xxx} = 0 \quad (m > 0, n > 1), \tag{2.177}$$

这里的 m 和 n 限于正整数. 这类孤子的特点是在一个非常有限的区域内有非零解而在其他区域内恒为零,在这个区域的边界上函数及其一阶导数连续而二阶导数不连续. 类似于(2+1)维峰孤子方法,最近楼找到了(2+1)维的紧致孤子.

若将解(2.165)式中取任意函数选为另一类分段连续的函数,则可以发现(2+1)维系统的多紧致子激发模式. 如

$$p = a + \sum_{i=1}^{M} \begin{cases} 0, \ x + c_i t \leqslant x_{1i}, \\ H_i(x + c_i t) - H_i(x_{1i}), \ x_{1i} < x + c_i t \leqslant x_{2i}, \\ H_i(x_{2i}) - H_i(x_{1i}), \ x + c_i t > x_{2i}, \end{cases} \tag{2.178}$$

和

$$q = b + \sum_{j=1}^{N} \begin{cases} 0, \ y + d_j t \leqslant y_{1j}, \\ G_j(y + d_j t) - G_j(y_{1j}), \ y_{1j} < y + d_j t \leqslant y_{2j}, \\ G_j(y_{2j}) - G_j(y_{1j}), \ y + d_j t > y_{2j}, \end{cases} \tag{2.179}$$

式中 a，b 为常数，H_i 和 G_j 为所示变量的可微函数，且具有边界条件

$$H_{ix} \mid_{x=x_{1i}} = H_{ix} \mid_{x=x_{2i}} = 0, \ G_{jy} \mid_{y=y_{1j}} = G_{jy} \mid_{y=y_{2j}} = 0, \tag{2.180}$$

则可以找到解(2.168)式的多紧致子解.

10. 多值孤子—折叠子激发

除了上述单值孤子外，在(1+1)维可积系统中还存在一类重要的多值孤子-圈孤子. 这类孤子首先由 Konno，Ichikawa 和 Wadati 等人[56]在下述非线性系统中

$$u_{tt} - u_{xx} + 2\varepsilon[(1 + u_x^2)^{-3/2} u_{xx}]_{xx} = 0 \tag{2.181}$$

发现. 后来多圈孤子也被 Vakhnenko 和 Parkes 等人[57,58]在 Vakhnenko 系统中找到：$(u_t + uu_x)_x + u = 0$. 一种简单的圈孤子解可以表示为

$$u(x, t) = \frac{3\nu}{2}\mathrm{sech}^2\left(\frac{\sqrt{\nu}\xi}{2}\right), \ x - \nu t = 3\sqrt{\nu}\tanh\left(\frac{\sqrt{\nu}\xi}{2}\right) - \nu\xi. \tag{2.182}$$

从(1+1)维可积系统中圈孤子解得到启发，最近楼等人找到了(2+1)维可积系统中的多值圈孤子解，折叠孤子. 如果将解(2.165)式中取任意函数 p 和 q 选为多值函数，则我们可以得到多值孤子，折叠子. 如

$$p_x = \sum_{j=1}^{M} f_j(\zeta + \omega_j t), \ x = \zeta + \sum_{j=1}^{M} X_j(\zeta + \omega_j t), \tag{2.183}$$

式中 f_j, X_j 为局域函数,且具有下述特性: $f_j(\pm\infty)=0, X_j(\pm\infty)=$ consts. 从(2.183)式知道,通过选取适当的 X_j 局域函数,在一定区域内 ζ 可能是关于变量 x 的多值函数(由于 $\zeta|_{x\to\infty}\to\infty$, 这里的 p_x 是 M 个局域解的相互作用解). 所以,虽然 p_x 是关于 ζ 的单值函数,但是在相应的区域内是 x 的多值函数. 事实上,大多数已知的(1+1)维多圈孤子解是(2.183)的特例. 以类似的方法,选取函数 $q(y,t)$

$$q_y=\sum_{j=1}^{N}g_j(\eta+\mu_j t),\ y=\eta+\sum_{j=1}^{N}Y_j(\eta+\mu_j t), \qquad (2.184)$$

则可以得到多值孤子-折叠子激发.

11. 周期波斑图激发

另外,若在解(2.165)式,取任意函数 p 和 q 为周期性函数或准周期函数,如: 各类 Jacobian 椭圆函数、Weierstrass 椭圆函数、Bessel 函数等, 则可以得到一些局域结构具有周期性或准周期性动力学行为.

12. 混沌孤子和分形孤子激发

我们知道,当解的周期趋向无穷时,系统将进入随机状态. 所以在对解(2.168)式中 p 和 q 还可以考虑其他一些选择,如分别取为 Weierstrass 随机函数,与三角正弦函数、余弦函数、Bessel 函数和 Jacobian 椭圆函数相关的分段连续函数,或著名的 Lorenz 混沌系统、Rössler 混沌系统等的数值解, 则可以得到一些局域结构具有分形性质或具有混沌动力学行为.

为了详细地分析孤子激发的分形特性和混沌行为,我们在后面另起一节讨论.

2.6 局域激发的分形和混沌行为

分形可分为规则分形和随机分形,其中规则分形具有严格的自相似结构. 现在先来讨论孤子也具有的规则分形特性. 前面第五节中,已经讨论过若干局域激发模式,其中有两种重要的局域解,指数局域的 dromions 和代数局域的 lumps. 这里以这两种孤子为主要讨论对象. 为了简化下述分析,我们将解(2.165)中的常数 $a_0 = a_1 = a_2 = a_3/2 = 1$.

1. 规则分形斑图

要找出恰当的函数 p 和 q,使系统的解(2.165)具有分形性质,这确实是非常困难的. 幸运的是,在最近的研究中,我们发现有大量的函数可以用来构造规则分形孤子,其中主要的函数是与三角正弦、余弦、各种 Jacobian 椭圆函数、Bessel 函数等相关的分段连续函数. 这里列举一种比较简单的情形: 分别取解(2.165)中的 p 和 q 为

$$p = 1 + \frac{|x - c_1 t|}{1 + (x - c_1 t)^4}(\cos(\ln(x - c_1 t)^2))^2, \qquad (2.185)$$

$$q = 1 + \frac{|y - c_2 t|}{1 + (y - c_2 t)^4}(\cos(\ln(y - c_2 t)^2))^2, \qquad (2.186)$$

在 $t = 0$. 则可以得到一种具有分形特性的 lumps 解. 如图 2.1 所示. 仔细看图 2.1(a)的中心部分,可以发现有许多的针状结构,其分布的行为呈现出规则分形的性质. 图 2.1(b)、(c)、(d)分别画出了 2.1(a)的中心部分更小的局部结构图. 图 2.1(b)为 $\{x = [-0.045, 0.045], y = [-0.045, 0.045]\}$ 的局部结构. 图 2.1(c)和 2.1(d)分别为

$$\{x = [-0.0045, 0.0045], y = [-0.0045, 0.0045]\},$$

$$\{x = [-4.5 \times 10^{-6}, 4.5 \times 10^{-6}], y = [-4.5 \times 10^{-6}, 4.5 \times 10^{-6}]\}$$

的局部结构图. 人们很容易发现,它们确实具有自相似结构.

现在来讨论指数局域的 dromions 同样可以具有自相似性质. 如取解 V(2.165)中的 p 和 q 为与 Jacobian 椭圆函数相关和分段连续函数,

$$p = 1 + \exp[\sqrt{(x - c_1 t)^2}(1 + \mathrm{sn}(\ln((x - c_1 t)^2, k)))], \qquad (2.187)$$

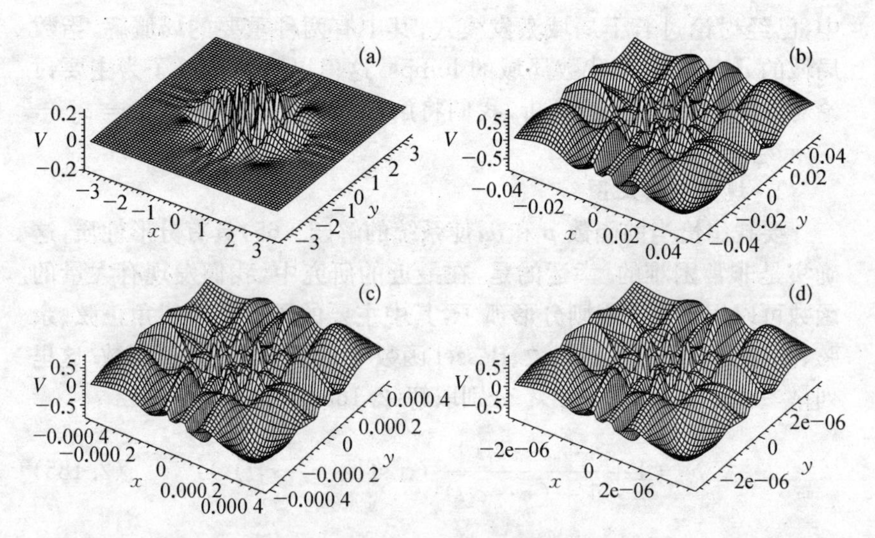

图 2.1 (a) 解(2.165)的分形 lumps 结构,参量取为(2.185)-(2.186),时间 $t=0$. (b) 与图(a)相关的自相似结构,范围为$\{x\in[-0.045, 0.045], y\in[-0.045, 0.045]\}$. (c) 与图(a)相关的自相似结构,范围为$\{x\in[-0.0045, 0.0045], y\in[-0.0045, 0.0045]\}$. (d) 与图(a)相关的自相似结构,范围为$\{x\in[-4.5\times10^{-6}, 4.5\times10^{-6}], y\in[-4.5\times10^{-6}, -4.5\times10^{-6}]\}$.
(a) A fractal lump structure for the solution V with the conditions (2.185)-(2.186) at $t=0$. (b) A self-similar structure of the fractal lump related to (a) in the region $\{x\in[-0.045, 0.045], y\in[-0.045, 0.045]\}$. (c) A self-similar structure plot of the fractal lump related to (a) in the region $\{x\in[-0.0045, 0.0045], y\in[-0.0045, 0.0045]\}$. (d) A self-similar structure plot of the fractal lump related to (a) in the region $\{x\in[-4.5\times10^{-6}, 4.5\times10^{-6}], y\in[-4.5\times10^{-6}, -4.5\times10^{-6}]\}$

$$q=1+\exp[\sqrt{(y-c_2t)^2}(1+\mathrm{sn}(\ln((y-c_2t)^2,k)))], \tag{2.188}$$

其中 k 为 Jacobian 椭圆函数的模,这里取 $k=0.3$,则可以得到具有分形特性的 dromions 局域结构,如图 2.2 所示. 图 2.2(a)为解(2.165)在参量选取为(2.187)~(2.188),时间 $t=0$ 的分形 dromions 结构图. 图 2.2(b)是与图 2.2(a)相关的密度图,范围为 $\{x=$

$[-0.12, 0.12], y = [-0.12, 0.12]\}$. 若要更清楚地观察其自相似结构,可以将中心部分的局部放大,人们会惊异地发现在范围 $\{x = [-0.002, 0.002], y = [-0.002, 0.002]\}$, $\{x = [-2.5\times10^{-14}, 2.5\times10^{-14}], y = [-2.5\times10^{-14}, 2.5\times10^{-14}]\}$ 以及更小的区域,都是与图 2.2(b)完全相同的密度图.

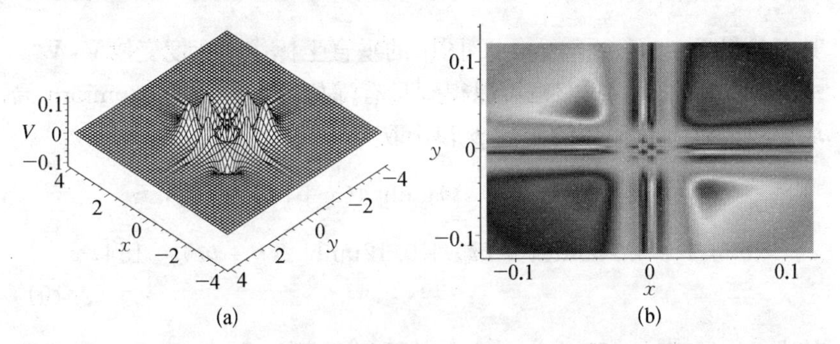

图 2.2 (a) 解(2.165)在参量选取为(2.187)-(2.188),时间 $t=0$ 时,与 Jacobian 函数相关的分形 dromions 结构图.(b)是与图(a)相关的密度图,范围为$\{x=[-0.12, 0.12], y=[-0.12, 0.12]\}$. (a) A plot of fractal dromion structure for the solution V given by the solution (2.165) with the conditions (2.187)-(2.188) at $t=0$. (b) A density plot of the fractal dromion structure related to (a) in the region $\{x=[-0.12, 0.12], y=[-0.12, 0.12]\}$

2. 随机分形斑图

除了具有自相似结构的分形 dromions 和 lumps 外,还具有随机行为的分形 dromions 和 lumps 局域解. 一些低维的随机分形函数可以用构建高维系统的随机分形 dromions 和 lumps 局域解. 如著名的随机分形函数 Weierstrass 函数

$$\Gamma \equiv \Gamma(\xi) = \sum_{k=0}^{N} (\lambda)^{(s-2)k} \sin((\lambda)^k \xi), \ N \to \infty, \tag{2.189}$$

式中$\{\lambda, s\}$为常数,变量 ξ 可以是关于 $\{x+at\}$ 或 $\{y+bt\}$ 的函数,如: $\xi = x+at$ 和 $\xi = y+bt$ 分别在函数 p 和 q 的(2.168)式中. 若 Weierstrass 函数含在 dromions 和 lumps 解中,则就可以得到具有随

机分形性质的 dromions 和 lumps 局域解. 图 2.3(a)为解(2.165)的随机分形 lumps 局域结构,条件是解(2.165)中的函数 p 和 q 分别取为(2.189)和

$$p=\Gamma(x+at)+(x+at)^2+10^2,\ q=\Gamma(y+bt)+(y+bt)^2+10^2, \tag{2.190}$$

其中参量 $\lambda=s=1.5$, $t=0$. 图中的垂直坐标作了标度变换 V: $V=v\times10^{-7}$. 类似地,我们也可以得到具有随机分形性质的 dromions 局域解. 如解(2.165)中的函数 p 和 q 取为

$$p=10+\Gamma(x+at)\tanh[4(x+at)-20],$$
$$q=1+0.1\tanh(y+bt)+0.12\tanh[2(y+bt)-15], \tag{2.191}$$

其中 $\lambda=s=1.5$, $t=0$ 时,则可以得到一种典型的随机分形 dromions 局域结构,如图 2.3(b)所示.

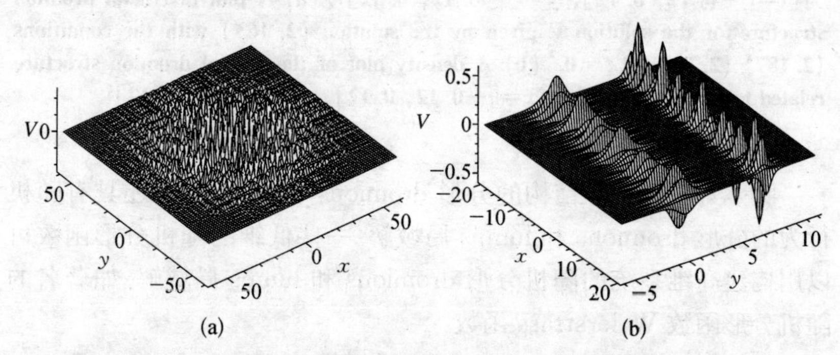

图 2.3 (a) 一种典型的随机分形 lumps 局域结构,条件为(2.189)和(2.190),参量取为 $\lambda=s=1.5$,时间 $t=0$. (b) 一种典型的随机分形 dromions 局域结构,条件为(2.189)和(2.191),参量取为 $\lambda=s=1.5$,时间 $t=0$. (a) A plot of a typical stochastic fractal lump solution determined by Eq. (2.165) with the selections (2.189) and (2.190). (b) A plot of a typical stochastic fractal dromion solution determined by Eq. (5.1) with the conditions (2.189) and (2.191)

从图 2.3 分析可知,图中 dromions 振幅和 lumps 波形的空间变化都是不规则的,完全是一种随机行为,本质上是一种混沌行为.下面我们将分析系统的混沌孤子.

3. 混沌平面相干孤子

既然高维可积系统中存在分形孤子,人们自然会猜测系统中还可能存在混沌孤子.由于现在所得的解中具有任意函数 $p(x, t)$和 $q(y, t)$,各种低维系统的混沌解,如:(1+1)维或(0+1)维混沌动力学系统的数值解均可用来构建高维系统的具有混沌行为的局域解.这里我们选用著名的 Lorenz 系统来说明,当然也可以选用其他混沌动力学系统,列举部分典型例子.

仍以平面相干孤子 dromions 为例说明.若取解 V(2.165)中的函数 p 和 q 为

$$p = 1 + (100 + f(t))\exp(x),\ q = \exp(y), \tag{2.192}$$

式中 $f(t)$为时间 t 的任意函数.由解 V(2.165)和选取的参量(2.192)分析知,平面相干孤子 dromion 的振幅由函数 $f(t)$决定.如果将函数 $f(t)$取为混沌动力学系的数值解时,我们就可以得到振幅具有混沌行为的平面相干孤子,如图 2.4 所示.其中图 2.4(a)为 V(2.165)在条件参量为(2.192)和 $f(t)=0$ 情形下的 dromion 结构.图 2.4(b)为与(a)相关的 dromion 的振幅 A 由 $f(t)$控制的混沌演化图.这里的 $f(t)$为下列 Lorenz 系统的混沌解

$$f_t = -10(f-g),\ g_t = f(60-h)-g,\ h_t = fg - \frac{8}{3}h. \tag{2.193}$$

事实上,我们还可以将解中函数 p 或 q 取为更一般的形式.如取 p 和 q 为$[f_3(t) > 0,\ f_7(t) > 0]$,

$$\chi = \frac{f_1(t)}{f_2(t) + \exp(f_3(t)(x + f_4(t)))},$$

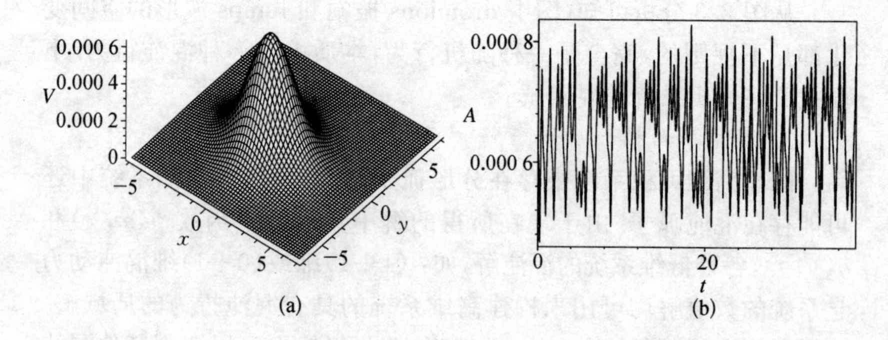

图 2.4 (a) V(2.165)在条件参量为(2.192)和 $f(t)=0$ 情形下的 dromion 结构. (b) 与(a)相关的 dromion 的振幅 A 由 $f(t)$控制的混沌演化图, $f(t)$为 Lorenz 系统(2.193)的混沌解. (a) A plot of a single dromion structure for the physical quantity V given by the solution (2.165) with the conditions (2.192) and $f(t)=0$. (b) is evolution of the amplitude A of a chaotic dromion related to (a) with $f(t)$ being a solution of the following Lorenz system (2.193) at different time

$$\varphi=\frac{f_5(t)}{f_6(t)+\exp(f_7(t)(y+f_8(t)))}, \tag{2.194}$$

其中 $f_i(t), i=1, 2, \cdots, 8$ 为某一混沌动力学系统的数值解,则解(2.165)的混沌孤子会以多种方式随机变化. 当 $f_1(t)$, $f_2(t)$, $f_5(t)$或 $f_6(t)$为混沌解时,则 V(2.165)的振幅将具有混沌行为. 当 $f_4(t)$或 $f_8(t)$为混沌解时,则 V(2.165)的孤子位置会随机变化. 当 $f_3(t)$或 $f_7(t)$为混沌解时,则 V(2.165)的孤子形状(宽度)将随机变化.

4. 混沌线孤子

我们知道,混沌不仅有时间混沌,还有空间混沌,如在 x 方向或 y 方向上随机变化. 若将解(2.165)的任意函数 p 或 q 取为时空混沌解时,另一个选为局域函数,则可以得到在 x 方向或 y 方向上随机变化的混沌线孤子,如取解(2.165)式中的函数 p 或 q 为下述系统的解($\varsigma=x+\omega t$, $\eta=y+\nu t$)

$$p_{\varsigma\varsigma\varsigma}=\frac{p_{\varsigma\varsigma}p_{\varsigma}+(c+1)p_{\varsigma}^{2}}{p}-(p^{2}+b(c+1))p_{\varsigma}-(b+c+1)p_{\varsigma\varsigma}+$$
$$(b(a-1)-p^{2})cp,\tag{2.195}$$

$$q_{\eta\eta\eta}=\frac{q_{\eta\eta}q_{\eta}+(\gamma+1)q_{\eta}^{2}}{q}-(q^{2}+\beta(\gamma+1))q_{\eta}-(\beta+\gamma+1)q_{\eta\eta}+$$
$$(\beta(\alpha-1)-q^{2})\gamma q,\tag{2.196}$$

式中 a, b, c, α, β, γ, ω 和 ν 均为任意常数. 事实上,(2.195)式或(2.196)式等价于下述的 Lorenz 系统

$$p_{\varsigma}=-c(p-g),\ g_{\varsigma}=p(a-h)-g,\ h_{\varsigma}=pg-bh,\tag{2.197}$$

消去上述(2.197)式中的 g 和 h. 图 2.5(a)是解(2.165)的混沌线孤子结构图,相应的参量: p 为 Lorenz 系统(2.197)的混沌解, q 为

$$q=\tanh(y).\tag{2.198}$$

相关参数为

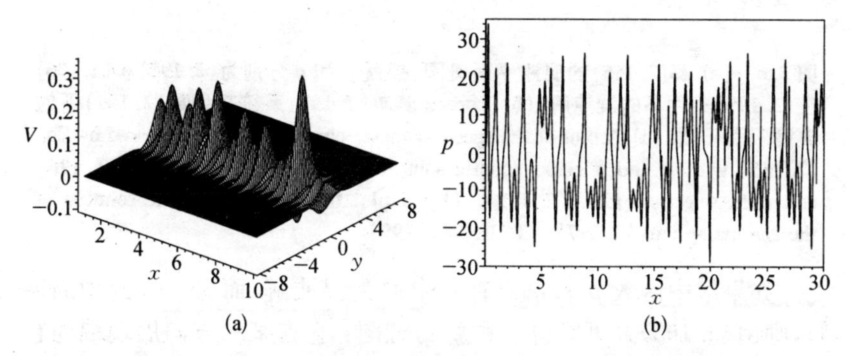

图 2.5 (a) 解 V(2.165)式的混沌线孤子结构图,相应的参量为(2.197),(2.198)和(2.199). (b) Lorenz 系统(2.197)混沌解 p 的典型曲线图. (a) A plot of the chaotic line soliton structure for the physical quantity V given by the expression(2.165) with conditions (2.197),(2.198) and (2.199). (b) A typical plot of the chaotic solution p in the Lorenz system (2.197)

$$a=\alpha=60, b=\beta=\frac{8}{3}, c=\gamma=1, t=0. \tag{2.199}$$

图 2.5(b)是 Lorenz 混沌系统(2.197)数值解的典型曲线图.

5. 混沌平面斑图

当然,如果上述解中的 p 和 q 均取低维系统的混沌解时,则解(2.165)将在 x 方向和 y 方向均具有混沌行为的平面斑图,如图 2.6 所示.这里的 p 和 q(2.195)和(2.196)系统的混沌解,其相应的参数为(2.199),即参数为(2.199)时 Lorenz 系统(2.197)的混沌解,解(2.165)中的常数为 $a_0=200$, $a_1=a_2=1$, $a_3=0$.

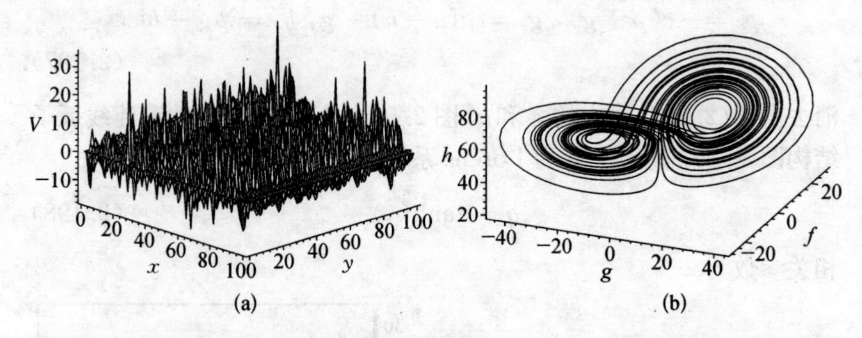

图 2.6 (a) 解(2.165)的混沌平面斑图,参量 p 和 q 分别为(2.195)和(2.196)在(2.199)条件下的混沌解. (b) Lorenz 混沌(2.197)系统在参数(2.199)下的典型吸引子图. (a) A plot of the special chaotic-chaotic pattern expressed by Eq. (2.165) with p and q being chaotic solutions to Eqs. (2.195) and (2.196) under the selections Eqs. (2.199). (b) A plot for a typical chaotic solution of the Lorenz system (2.197) with Eq. (2.199)

如果解中函数 p 和 q 只有一个取为混沌解,而另一个选为周期解,则由(2.165)式可以得一种新的斑图:它在某一方向展现混沌行为,而在另一方向呈现周期性特征,如图 2.7(a)所示.这里选取的参量为:p 是(2.195)系统在条件 $a=60$, $b=8/3$, $c=10$ 下的混沌解,q 为(2.196)系统在下述条件

$$\alpha=350, \beta=8/3, \gamma=10 \tag{2.200}$$

下的周期解. 图 2.7(b)是 Lorenz 混沌(2.197)系统在参数为(2.200)时的典型周期曲线图.

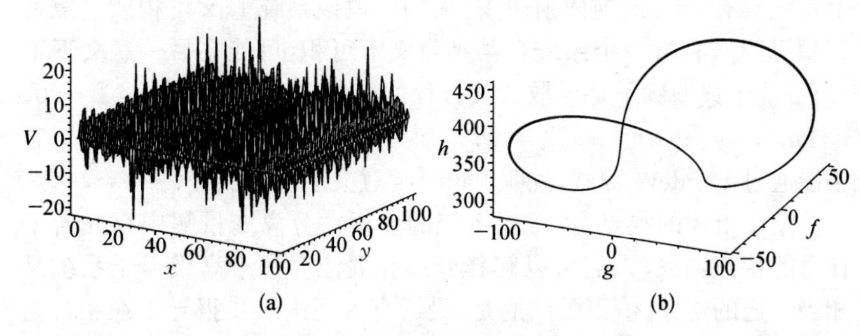

图 2.7 (a) 解(2.165)的周期——混沌斑图,其选取的参量为: p 是(2.195)系统在条件 $a=60$, $b=8/3$, $c=10$ 下的混沌解, q 是(2.196)系统在条件(2.200)下的周期解. (b) Lorenz 混沌系统(2.197)在参数为(2.200)时的典型周期曲线图. (a) A plot of the special chaotic — periodic pattern expressed by Eq. (2.165) with p being the chaotic solution of Eq. (2.195) and $a=60$, $b=8/3$, $c=10$, while q is the periodic solution of Eq. (2.196) with condition Eq. (2.200). (b) A plot of a typical periodic the Lorenz system solution (2.197) with Eq. (2.200)

2.7 本章小结

本章首先概述了多线性分离变量法,然后成功地应用于若干具有重要物理背景的非线性系统,如 GBK 系统、GAKNS 系统、BLP 系统、GNNV 系统、GNLS 系统等. 事实上,这种方法还可以进一步推广到其他非线性系统[135-150]. 最后两部分分别讨论了基于多线性分离变量解的(2+1)维系统丰富的局域激发模式及其分形和混沌行为.

为什么高维孤子系统呈现如此多样的局域激发模式并表现出分形特征和混沌行为呢? 传统学术理论认为,孤子存在于可积系统,分形和混沌存在于不可积系统,分形和混沌不可能存在于孤子系统. 但是这种观点可能有些绝对,也不够全面,绝对可积系统是非常少的.

首先当谈及一个系统是否可积，必须说明在何种具体意义下可积. 例如，当一个系统 Painlevé 性质，人们就说该系统是 Painlevé 可积；当一个系统具有 Lax 或逆散射可解，人们就说该系统 Lax 可积或逆散射可积. 但是，有时一个系统在某种意义下可积，可能在另一意义下不可积. 一个典型例子是色散长波方程：$u_{yt}+v_{xx}+u_xu_y+uu_{xy}=0$，$v_t+u_x+vu_x+uv_x+u_{xxy}=0$. 虽然是 Lax 可积或逆散射可积，但它不能通过 Painlevé 测试，说明 Painlevé 意义下不可积[59].

基于上述的观点，并考虑系统的多线性分离变量解中存在若干任意的特征函数，人们可以解释分形和混沌存在于高维孤子系统是相当普遍的现象. 值得关注的是，最近有人还进一步报导了在相对论非线性量子 Dirac 系统（C-可积系统）同样存在孤子、分形和混沌现象[151].

其实，现在研究的(2+1)维非线性系统本质上是一个泛定系统，它没有给出具体的初始条件和边界条件. 泛定系统给出的是通解，在不同的初始条件或边界条件下，必将呈现出不同的动力学行为. 如本章给出的分形孤子和混沌孤子，当考虑其相应的参量选取情况，很容易发现这些分形孤子或混沌孤子分别是由具有分形性质或混沌行为的初始条件和边界条件引起的，这从理论进一步支持以下的观点：孤子的动力学行为可以被初始条件和边界条件所控制，同时也为潜在的实际应用提供了理论依据.

事实上，由于(2.165)式中函数 p 和 q 的任意性，许多可以用来描述现实复杂世界的新的局域结构可能被进一步发现，相应地，各种新异的动力学行为也会随之发生. 这方面还有大量的课题值得深入研究.

第三章　基于行波约化的代数方法与非线性系统的精确行波解

在第二章中,我们用多线性分离变量法研究了若干(2+1)维连续系统的局域激发模式及其相关的非线性性质.但是,在现实的自然世界中,除了存在连续系统外,还有大量的离散系统[32,152],如:弹簧振子系统、晶格点阵系统、生物 NDA 分子链等.另外,自然界中的行波是一种常见而重要的物理现象.因为行波可以很好地描述若干物理现象,如振动、波的传播等.在这一章中,我们的重点是将基于行波约化的代数方法推广应用到非线性离散系统和复杂的变系统非线性系统,寻求其精确的行波.

3.1　一般理论

代数法的基本思想:对于一个给定的非线性系统(以(2+1)维为例)

$$P(u,\ u_x,\ u_y,\ u_t,\ u_{xx},\ u_{yy},\ u_{tt},\ u_{xy},\ u_{xt},\ u_{yt},\ \cdots)=0, \tag{3.1}$$

这里 P 一般是所示变量的多项式函数,下标表示对所示变量的微分.通过进行行波约化设方程(3.1)具有如下的形式解

$$u=u(\xi),\quad \xi=k_1x+k_2y+k_3t, \tag{3.2}$$

其中 k_1, k_2 和 k_3 为任意常数. 将方程(3.2)代入方程(3.1)导出常微分方程(ODE)

$$O(u(\xi),\ u(\xi)_\xi,\ u_{\xi\xi},\ \cdots)=0. \tag{3.3}$$

然后将 $u(\xi)$ 展开为关于 $\varphi(\xi)$ 的多项式(幂级数形式)

$$u(\xi)=F(\varphi(\xi))=\sum_{j=0}^{m}A_j\,\varphi(\xi)^j, \tag{3.4}$$

式中 A_j 为待定常数,m 由齐次平衡原理确定,即平衡方程(3.3)中最高阶线性项与非线性项. 如果我们分别假设 $\varphi(\xi)=\tanh(\xi)$, $\varphi(\xi)=\mathrm{sech}(\xi)$, $\varphi(\xi)=\mathrm{sn}(\xi)$, $\varphi(\xi)=\mathrm{cn}(\xi)$ 或 $\varphi(\xi)=\mathrm{dn}(\xi)$ 等,则相应的方法分别被称为双曲函数法、椭圆函数法等. 这些方法已被广泛地应用于连续系统[153-156]. 在本章的第二、三节中,我们将上述方法进一步推广并运用于非线性离散系统.

从实际所得的结果分析,人们很容易发现,椭圆函数法要比双曲函数法完善得多. 因为后者所得结果是前者结果的特例. 但是,不同的椭圆函数作为形式解时,要重复比较繁杂的运算. 最近人们提出了一种形变映射理论,其主要思想是,上面式中 $\varphi(\xi)$ 不是某一特殊函数,而是满足某些方程的解. 也就是说,通过建立一些已知方程(常被称为映射方程)的解与非线性系统的控制方程的关系,求出控制方程的精确解. 现在常用的映射方程有 Riccati 方程 ($\phi_\xi=a_0+\phi^2$)、Klein-Gordon(NKG) 方程 ($\phi_\xi^2=a_0+a_2\phi^2+a_4\phi^4$) 和一般椭圆方程 ($\phi_\xi^2=\sum_{j=0}^{4}a_j\phi^j$) 等. 在本章的第四节中,我们将讨论这种方法并运用于理想情形下的常系数非线性系统和接近实际情形下的变系数非线性系统.

3.2 双曲函数方法及其在非线性离散系统中的推广应用

3.2.1 差分-微分系统的双曲函数法

考虑如下的差分-微分系统[157]

$$\Delta(u_{n+p_1}(x),\ \cdots,\ u_{n+p_k}(x),\ \cdots,\ u'_{n+p_1}(x),\ \cdots,\ u'_{n+p_k}(x),\ \cdots,$$

$$u_{n+p_1}^{(r)}(x),\ \cdots,\ u_{n+p_k}^{(r)}(x)) = 0, \tag{3.5}$$

其中变量 $\boldsymbol{u}$ 有 M 个分量 u_i，连续变量 $\boldsymbol{x}$ 有 N 个分量 x_i，离散变量 $\boldsymbol{n}$ 有 Q 个分量 n_j，k 个移动矢量 $\boldsymbol{P}_i$，且 $\boldsymbol{u}^{(r)}(\boldsymbol{x})$ 表示 r 阶混合偏导数的集合.

双曲正切函数法　我们引入双曲正切函数

$$T_n = \tanh \xi_n,\ \xi_n = \sum_{i=1}^{Q} d_i n_i + \sum_{j=1}^{N} c_j x_j + \zeta. \tag{3.6}$$

系数 $c_1, c_2, \cdots, c_N, d_1, d_2, \cdots, d_Q$ 和初相 ζ 是常数. 重复利用循环规则

$$\frac{\partial}{\partial x_j} = \frac{\partial \xi_n}{\partial x_j}\frac{\mathrm{d}T_n}{\mathrm{d}\xi_n}\frac{\mathrm{d}}{\mathrm{d}T_n} = c_j(1 - T_n^2)\frac{\mathrm{d}}{\mathrm{d}T_n}, \tag{3.7}$$

(3.5)式变为

$$\begin{aligned}&\Delta(U_{n+p_1}(T_n),\ \cdots,\ U_{n+p_k}(T_n),\ \cdots,\ U'_{n+p_1}(T_n),\ \cdots,\\ &U'_{n+p_k}(T_n),\ \cdots,\ U_{n+p_1}^{(r)}(T_n),\ \cdots,\ U_{n+p_k}^{(r)}(T_n)) = 0.\end{aligned} \tag{3.8}$$

对于任意 $s(s = 1, \cdots, k)$，利用关系式

$$\tanh(x + y) = \frac{\tanh(x) + \tanh(y)}{1 + \tanh(x)\tanh(y)}, \tag{3.9}$$

有

$$T_{n+p_s} = \frac{T_n + \tanh(\varphi_s)}{1 + T_n \tanh(\varphi_s)}, \tag{3.10}$$

其中

$$\varphi_s = p_{s1}d_1 + p_{s2}d_2 + \cdots + p_{sQ}d_Q, \tag{3.11}$$

且 p_{sj} 是移动矢量 $\boldsymbol{P}_s$ 的第 j 个分量.

现在寻求解的形式如下

$$U_n(T_n) = \sum_{i=0}^{m} a_i T_n^i, \tag{3.12}$$

其中 a_i 是待定常数,m 通过领头项分析确定. 我们有

$$U_{n+p_s}(T_n) = \sum_{i=0}^{m} a_i T_{n+p_s}^i = \sum_{i=0}^{m} a_i \left[\frac{T_n + \tanh(\varphi_s)}{1 + T_n \tanh(\varphi_s)}\right]^i, \tag{3.13}$$

且 φ_s 满足(3.11). 代(3.12)和(3.13)入(3.8),收集并令 T_n 前面的系数为零,可得到一组代数方程,通过这些方程可确定参数 a_i 和 c_j.

双曲余切函数法 我们引入双曲余切函数

$$T_n = \coth \xi_n,\ \xi_n = \sum_{i=1}^{Q} d_i n_i + \sum_{j=1}^{N} c_j x_j + \zeta. \tag{3.14}$$

且重复利用循环规则(3.7).

对于任意 $s(s=1,\cdots,k)$, 利用等式

$$\coth(x+y) = \frac{1+\coth(x)\coth(y)}{\coth(x)+\coth(y)}, \tag{3.15}$$

有

$$T_{n+p_s} = \frac{1 + T_n \coth(\varphi_s)}{T_n + \coth(\varphi_s)}. \tag{3.16}$$

寻找解的形式如下

$$U_n(T_n) = \sum_{i=0}^{m} a_i T_n^i, \tag{3.17}$$

其中 a_i 是待定常数,m 通过领头项分析确定. 我们有

$$U_{n+p_s}(T_n) = \sum_{i=0}^{m} a_i T_{n+p_s}^i = \sum_{i=0}^{m} a_i \left[\frac{1 + T_n \coth(\varphi_s)}{T_n + \coth(\varphi_s)}\right]^i, \tag{3.18}$$

且 φ_s 满足(3.11). 将(3.17)和(3.18)代入(3.8),合并关于 T_n 的同次幂项后,令 T_n 前面的系数为零,可得到一组代数方程,通过这些方程

可确定参数 a_i 和 c_j. 作为简单例子,现在我们将上述方法应用于离散 sine-Gordon 系统.

3.2.2 离散的 sine-Gordon 方程的精确行波解

考虑离散的 sine-Gordon 方程

$$\frac{\mathrm{d}u_{n+1}}{\mathrm{d}t}-\frac{\mathrm{d}u_n}{\mathrm{d}t}=\sin(u_{n+1}+u_n), \tag{3.19}$$

直接应用上面的方法得到方程(3.19)比较困难,我们考虑如下变换

$$u_n=2\arctan v_n,\ u_{n+1}=2\arctan v_{n+1}, \tag{3.20}$$

因而有

$$\frac{\mathrm{d}u_n}{\mathrm{d}t}=\frac{2}{1+v_n^2}\frac{\mathrm{d}v_n}{\mathrm{d}t},\frac{\mathrm{d}u_{n+1}}{\mathrm{d}t}=\frac{2}{1+v_{n+1}^2}\frac{\mathrm{d}v_{n+1}}{\mathrm{d}t}, \tag{3.21}$$

$$\sin u_n=\frac{2v_n}{1+v_n^2},\ \cos u_n=\frac{1-v_n^2}{1+v_n^2},$$

$$\sin u_{n+1}=\frac{2v_{n+1}}{1+v_{n+1}^2},\ \cos u_n=\frac{1-v_{n+1}^2}{1+v_{n+1}^2},$$

$$\sin(u_{n+1}+u_n)=\frac{2v_{n+1}(1-v_n^2)+2v_n(1-v_{n+1}^2)}{(1+v_n^2)(1+v_{n+1}^2)}. \tag{3.22}$$

将(3.21),(3.22)式代入到(3.19),有

$$(1+v_n^2)\frac{\mathrm{d}v_{n+1}}{\mathrm{d}t}-(1+v_{n+1}^2)\frac{\mathrm{d}v_n}{\mathrm{d}t}-v_n(1-v_{n+1}^2)-v_{n+1}(1-v_n^2)=0. \tag{3.23}$$

1. 双曲正切函数解

首先,我们寻求(3.23)式的双曲正切函数解. 假设 $v_n(n,\ t)\equiv v_n$,

$v_{n+1}(n, t) \equiv v_{n+1}$ 有形式解 $v_n = \phi_n(T_n)$，$v_{n+1} = \phi_{n+1}(T_n)$，其中 $T_n = \tanh(kn + ct + \zeta)$. 重复运用(3.7)，有

$$c(1-T_n^2)\left[(1+\phi_n^2)\frac{\mathrm{d}\phi_{n+1}}{\mathrm{d}T_n}-(1+\phi_{n+1}^2)\frac{\mathrm{d}\phi_n}{\mathrm{d}T_n}-\right.$$

$$\left.\phi_n(1-\phi_{n+1}^2)-\phi_{n+1}(1-\phi_n^2)\right]=0. \tag{3.24}$$

将(3.12)，(3.13)式代入(3.24)式，在此 $p_s = 1$, $d_1 = k$, $c_1 = c$. 在(3.24)中由领头项分析有 $m = 1$. 故

$$\phi_n(T_n) = a_0 + a_1 T_n,\ \phi_{n+1}(T_n) = a_0 + a_1\frac{T_n + \tanh(k)}{1 + T_n\tanh(k)}, \tag{3.25}$$

代(3.25)入(3.24)，可得

$$\begin{aligned}
&(a_1^3 + 2ca_0a_1^2)\tanh(k) + (ca_1^3 + ca_1a_0^2 + a_0a_1^2 + \\
&\quad ca_1)\tanh^2(k) = 0, \\
&6a_0a_1^2 + (9a_1a_0^2 + 3a_1^3 - 3a_1)\tanh(k) + (4a_0a_1^2 + 2a_0^3 - \\
&\quad 2a_0)\tanh^2(k) = 0, \\
&2a_1^3 + (6a_0a_1^2 + 2ca_1^3 + 2ca_1a_0^2 + 2ca_1)\tanh(k) + \\
&\quad (3a_1a_0^2 + 2a_0^3 - 2a_0)\tanh^2(k) = 0, \\
&2a_0^3 - 2a_0 + (3a_1a_0^2 - 2ca_0a_1^2 - a_1)\tanh(k) + (a_0a_1^2 - \\
&\quad ca_1a_0^2 - ca_1^3 - ca_1)\tanh^2(k) = 0, \\
&6a_1a_0^2 - 2a_1 + (6a_0a_1^2 - 2ca_1a_0^2 - 2ca_1^3 - 2ca_1 + 4a_0^3 - \\
&\quad 4a_0)\tanh(k) + (3a_1a_0^2 - 4ca_0a_1^2 + a_1^3 - a_1)\tanh^2(k) \\
&= 0.
\end{aligned} \tag{3.26}$$

解之有解

$$a_0 = 0,\ a_1 = 1,\ c = -\frac{1}{2\tanh(k)},$$

$$a_0 = 0,\ a_1 = -1,\ c = -\frac{1}{2\tanh(k)}, \tag{3.27}$$

其中 k 是任意常数. 由(3.20),(3.25)和(3.27),

$$u_n = 2\arctan\left\{\pm\tanh\left[kn - \frac{1}{2\tanh(k)}t + \zeta\right]\right\}. \tag{3.28}$$

2. 双曲余切函数解

我们再求(3.23)式的双曲余切函数解. 设 $v_n(n, t) \equiv v_n$, $v_{n+1}(n, t) \equiv v_{n+1}$ 有形式解 $v_n = \phi_n(T_n)$, $v_{n+1} = \phi_{n+1}(T_n)$, 其中 $T_n = \coth(kn + ct + \zeta)$. 重复运用(3.7),(3.23)式变为

$$c(1 - T_n^2)\left[(1 + \phi_n^2)\frac{\mathrm{d}\phi_{n+1}}{\mathrm{d}T_n} - (1 + \phi_{n+1}^2)\frac{\mathrm{d}\phi_n}{\mathrm{d}T_n} - \right.$$

$$\left.\phi_n(1 - \phi_{n+1}^2) - \phi_{n+1}(1 - \phi_n^2)\right] = 0, \tag{3.29}$$

类似于上节有

$$\phi_n(T_n) = a_0 + a_1 T_n,\ \phi_{n+1}(T_n) = a_0 + a_1\frac{1 + T_n\coth(k)}{T_n + \coth(k)}. \tag{3.30}$$

代(3.30)入(3.29),可得

$$a_0 = 0,\ a_1 = 1,\ c = -\frac{1}{2}\coth(k),$$

$$a_0 = 0,\ a_1 = -1,\ c = -\frac{1}{2}\coth(k), \tag{3.31}$$

其中 k 是任意常数. 由(3.20),(3.30)和(3.31),

$$u_n = 2\arctan\left\{\pm\coth\left[kn - \frac{1}{2}\coth(k)t + \zeta\right]\right\}. \tag{3.32}$$

3.2.3 改进的 Tanh 方法及其在非线性离散系统的应用

本小节将上述的 tanh 函数方法进行改进[158,159]，求和范围 i 从原来的 0 到 m 延拓至 $-m$ 至 m，从而可得到更多的孤波解. 此外由 tanh 函数和 tan 函数的性质可知，若将 tanh 函数换成 tan 函数，还可得到系统的周期波解(类似地，若将 coth 函数换成 cot 函数，也可得到系统的周期波解这部分从略). 为了说明以上观点，我们用以上方法应用到几类典型的非线性离散系统，如 Toda-Lattice 系统、Hybrid-Lattice 系统和 Ablowitz-Ladik-Lattice 系统、离散 mKdV 系统等.

1. 改进的 Tanh 方法简述

为方便对改进的 Tanh 法的论述，以(2+1)维非线性差分微分方程为例. 设非线性差分微分方程(DDE)为

$$\begin{aligned}&\Delta(u_{n+p_1}(x,t),\ u_{n+p_2}(x,t),\ \cdots,\ u_{n+p_k}(x,t),\ u'_{n+p_1}(x,t),\\&u'_{n+p_2}(x,t),\ \cdots,\ u'_{n+p_k}(x,t),\ \cdots,\ u^{(r)}_{n+p_1}(x,t),\\&u^{(r)}_{n+p_2}(x,t),\ \cdots,\ u^{(r)}_{n+p_k}(x,t))=0,\end{aligned}\tag{3.33}$$

式中 $u(n)$ 是连续变量 x, t 和离散变量 n 的函数，p_k 是离散变量 n 的分量.

首先对方程(3.33)进行行波约化，令

$$u_n(x,t,n)=u_n(\xi_n),\ \xi=kn+lx+ct+\xi_0,\tag{3.34}$$

式中 k, l, c, ξ_0 是常数. 引入变量 $T_n=\tanh(\xi_n)$，利用双曲正切函数的性质：

$$\frac{\mathrm{d}}{\mathrm{d}\xi}=(1-T_n^2)\frac{\mathrm{d}}{\mathrm{d}T_n},$$

和

$$\tanh(x+y)=\frac{\tanh(x)+\tanh(y)}{1+\tanh(x)\tanh(y)}, \tag{3.35}$$

有

$$T_{n+p_s}=\frac{T_n+\tanh(\phi_s)}{1+T_n\tanh(\phi_s)}, \tag{3.36}$$

式中 $\phi_s=p_{s1}d_1+p_{s2}d_2+\cdots+p_{sQ}d_Q$, d_1, d_2, …, d_Q 是常数. 因而我们可将(1)式化成变量为 T_n 的方程.

$$\Delta(u_{n+p_1}(T_n),\ u_{n+p_2}(T_n),\ \cdots,\ u_{n+p_k}(T_n),\ u'_{n+p_1}(T_n),\ u'_{n+p_2}(T_n),\ \cdots,$$
$$u'_{n+p_k}(T_n),\ \cdots,\ u^{(r)}_{n+p_1}(T_n),\ u^{(r)}_{n+p_2}(T_n),\ \cdots,\ u^{(r)}_{n+p_k}(T_n)). \tag{3.37}$$

其次,假定方程(3.37)的形式解为 T_n 的 m 阶多项式并表示为:

$$u_n(T_n)=\sum_{i=-m}^{m}A_iT_n^i,\ u_{n+p_s}(T_n)=\sum_{i=-m}^{m}A_i\left(\frac{T_n+\tanh(\phi_s)}{1+T_n\tanh(\phi_s)}\right)^i, \tag{3.38}$$

其中系数 $A_i(i=1,2,\cdots,m)$ 是待定参数. 利用一般的齐次平衡原则确定 m,然后将(3.38)式代入方程(3.37),合并 T_n 的同次幂系数并取为零,得到参数 A_i 及 c_1, c_2, $\tanh(d_1)$, $\tanh(d_2)$, …, $\tanh(d_Q)$ 的非线性代数方程组.

最后通过联立求解上述代数方程组,可求得相关参数并给出非线性差分微分方程的孤立波解.

依照同样的思路,如果将 tanh 函数换成 tan 函数,引入变量 $T_n=\tan(\xi_n)$,利用正切函数的性质:

$$\frac{\mathrm{d}}{\mathrm{d}\xi}=(1+T_n^2)\frac{\mathrm{d}}{\mathrm{d}T_n},$$

和

$$\tan(x+y)=\frac{\tan(x)+\tan(y)}{1-\tan(x)\tan(y)}, \tag{3.39}$$

有

$$T_{n+p_s} = \frac{T_n + \tan(\phi_s)}{1 - T_n \tan(\phi_s)}. \tag{3.40}$$

同样可将(3.33)式化成式(3.37)的形式.然后进行 tan 函数的级数展开,和 tanh 同样过程我们不难得到非线性离散系统的三角函数周期波解.

2. 相对论 Toda 离散系统的精确行波解

考虑可积的相对论 Toda 离散系统[159],

$$\ddot{y}_n = \dot{y}_{n+1} e^{(y_{n+1}-y_n)} - e^{2(y_{n+1}-y_n)} - \dot{y}_{n-1} e^{(y_n - y_{n-1})} + e^{2(y_n - y_{n-1})}. \tag{3.41}$$

为方便讨论,我们先作变量代换,$u_n = \dot{y}_n$, $v_n = \exp(y_{n+1} - y_n)$,上述 Toda 离散系统(3.41)改写为

$$\dot{u}_n = v_n(u_{n+1} - v_n) - v_{n-1}(u_{n-1} - v_{n-1}),\ \dot{v}_n = v_n(u_{n+1} - u_n). \tag{3.42}$$

利用 $\dot{u}_n = c(1 - T_n^2)\dfrac{\partial}{\partial T_n}u_n$, $\dot{v}_n = c(1 - T_n^2)\dfrac{\partial}{\partial T_n}v_n$,方程(3.42)变为

$$c(1 - T_n^2)\frac{\partial}{\partial T_n}u_n - v_n(u_{n+1} - v_n) + v_{n-1}(u_{n-1} - v_{n-1}) = 0, \tag{3.43}$$

$$c(1 - T_n^2)\frac{\partial}{\partial T_n}v_n + v_n(u_n - u_{n+1}) = 0. \tag{3.44}$$

根据齐次平衡原理,我们设方程(3.43)-(3.44)具有如下的形式解

$$u_n = \frac{a_{-1}}{T_n} + a_0 + a_1 T_n,\quad v_n = \frac{b_{-1}}{T_n} + b_0 + b_1 T_n, \tag{3.45}$$

从上关系，我们可得

$$u_{n+1}=\frac{a_{-1}}{T_{n+1}}+a_0+a_1T_{n+1},\ u_{n-1}=\frac{a_{-1}}{T_{n-1}}+a_0+a_1T_{n-1};\tag{3.46}$$

$$v_{n+1}=\frac{b_{-1}}{T_{n+1}}+b_0+b_1T_{n+1},\ v_{n-1}=\frac{b_{-1}}{T_{n-1}}+b_0+b_1T_{n-1}.\tag{3.47}$$

将(3.36)式和(3.45)-(3.47)式代入方程(3.43)-(3.44)，合并T_n的同次幂项系数并取为零，可得如下的代数方程组：

$$a_{-1}b_{-1}-a_{-1}c+b_{-1}^2+(a_0b_{-1}-2b_{-1}b_0)\tanh k+(-a_{-1}c+a_1b_{-1}+b_{-1}^2)\tanh^2 k=0,\tag{3.48}$$

$$-a_{-1}c-3a_{-1}b_{-1}+2b_{-1}^2+2a_{-1}b_0\tanh k-(a_{-1}b_1+a_1c+a_1b_{-1}+b_{-1}^2)\tanh^2 k+(2a_1b_0+a_0b_1-2b_0b_1+2b_0b_{-1}-a_0b_{-1})\tanh^3 k+(b_{-1}^2+b_1^2-2a_1b_{-1}-ca_{-1}-a_1b_1)\tanh^4 k=0,\tag{3.49}$$

$$a_{-1}c+(2b_{-1}b_0-a_0b_{-1}-2b_0a_{-1})\tanh k+(ca_1-a_1b_{-1}+2ca_{-1}+2b_1a_{-1}+3a_{-1}b_{-1}-4b_{-1}^2)\tanh^2 k+(2b_0b_1-a_0b_{-1}-2b_0a_{-1}-b_1a_0-2b_0a_1+2b_0b_{-1})\tanh^3 k+(a_1b_{-1}-3b_1^2+b_1a_{-1}+2ca_{-1}+ca_1+4a_1b_1-b_{-1}^2-2a_{-1}b_{-1})\tanh^4 k-(a_0b_{-1}+2a_1b_0-2b_0b_{-1})\tanh^5 k+(b_1^2-b_{-1}^2+a_1b_{-1}+ca_{-1}-a_1b_1)\tanh^6 k=0,\tag{3.50}$$

$$a_1b_{-1}+ca_1+3a_{-1}b_{-1}-2b_{-1}^2-a_{-1}b_1+(-2a_1b_0+2b_0b_1-2b_0b_{-1}-a_0b_1+a_0b_{-1})\tanh k+(b_1^2-2a_1b_1+b_{-1}^2+3a_1b_{-1}-a_{-1}b_1+2a_{-1}b_{-1})\tanh^2 k+(a_0b_{-1}+2b_0b_1-2b_0b_{-1}-a_0b_1-2a_{-1}b_0)\tanh^3 k+$$

$$(ca_1+b_{-1}^2-3b_1^2+a_1b_1+a_1b_{-1}+b_1a_{-1})\tanh^4 k+(-2b_0b_{-1}+2b_0b_1+a_0b_{-1}-a_0b_1)\tanh^5 k=0, \tag{3.51}$$

$$-ca_1-ca_{-1}+(a_0b_1-2b_0b_1-2b_0b_{-1}+2b_0a_{-1}+a_0b_{-1}+2b_0a_1)\tanh k+(3b_{-1}^2-2ca_1-4a_{-1}b_{-1}-4a_1b_1-b_1a_{-1}-2ca_{-1}+3b_1^2-a_1b_{-1})\tanh^2 k+(a_0b_1+a_0b_{-1}-2b_0b_{-1}+4a_1b_0-2b_0b_1+4b_0a_{-1})\tanh^3 k+(-2a_1b_1-3a_1b_{-1}+3b_{-1}^2-2ca_{-1}-2ca_1+3b_1^2-2a_{-1}b_{-1}-3a_{-1}b_1)\tanh^4 k+(a_0b_1-2b_0b_1-2b_0b_{-1}+2b_0a_{-1}+a_0b_{-1}+2b_0a_1)\tanh^5 k+(-a_{-1}b_1+a_{-1}b_{-1}+a_1b_1-ca_{-1}-a_1b_{-1}-ca_1)\tanh^6 k=0, \tag{3.52}$$

$$ca_{-1}+3a_1b_1-a_1b_{-1}+a_{-1}b_1-2b_1^2+(2b_0b_{-1}-2b_0b_1-a_0b_{-1}+a_0b_1-2b_0a_{-1})\tanh k+(b_1^2+b_{-1}^2-a_1b_{-1}+3b_1a_{-1}-2a_{-1}b_{-1}+2b_1a_1)\tanh^2 k+(a_0b_1-2a_1b_0-2b_0b_1+2b_0\,b_{-1}-a_0b_{-1})\tanh^3 k+(-3b_{-1}^2+ca_{-1}+a_{-1}b_{-1}+a_1b_{-1}+a_{-1}b_1+b_1^2)\tanh^4 k+(a_0b_1+2b_0b_{-1}-a_0b_{-1}-2b_0b_1)\tanh^5 k=0, \tag{3.53}$$

$$ca_1+(-a_0b_1+2b_0b_1-2a_1b_0)\tanh k+(-4b_1^2+2a_1b_{-1}+ca_{-1}-a_{\ 1}b_1+2ca_1+3a_1b_1)\tanh^2 k+(2b_0b_1-a_0b_{-1}-2b_0a_{-1}-a_0b_1-2a_1b_0+2b_{-1}b_0)\tanh^3 k+(2ca_1-b_1^2+a_{-1}b_1+ca_{-1}+a_1b_{-1}-3b_{-1}^2+4a_{-1}b_{-1}-2a_1b_1)\tanh^4 k+(-a_0b_1-2b_0a_{-1}+2b_0b_1)\tanh^5 k+(-b_1^2+ca_1+b_{-1}^2+b_1a_{-1}-a_{-1}b_{-1})\tanh^6 k=0, \tag{3.54}$$

$$-3a_1b_1-ca_1+2b_1^2+2a_1b_0\tanh k+(-a_1b_{-1}-ca_{-1}-b_1^2-$$

$$a_{-1}b_1)\tanh^2 k+(2b_0a_{-1}+2b_0b_1-a_0b_1-2b_0b_{-1}+a_0b_{-1})\tanh^3 k+$$
$$(b_{-1}^2-ca_1-2b_1a_{-1}-a_{-1}b_{-1}+b_1^2)\tanh^4 k=0, \tag{3.55}$$

$$a_1b_1-ca_1+b_1^2+(a_0b_1-2b_0b_1)\tanh k+(b_1^2+a_{-1}b_1-$$
$$ca_1)\tanh^2 k=0, \tag{3.56}$$

$$ca_1-b_1^2=ca_{-1}-b_{-1}^2=a_{-1}b_{-1}-cb_{-1}=cb_1-a_1b_1=0, \tag{3.57}$$

$$-cb_{-1}+a_{-1}b_0\tanh k-a_1b_{-1}\tanh^2 k=0, \tag{3.58}$$

$$a_{-1}b_1+cb_{-1}+cb_1-a_{-1}b_{-1}-a_1b_{-1}-a_1b_0\tanh k+(a_1b_{-1}+$$
$$cb_{-1}-a_{-1}b_{-1})\tanh^2 k=0, \tag{3.59}$$

$$-a_1b_1-cb_1+a_1b_{-1}-a_{-1}b_1+2a_1b_0\tanh k+(a_{-1}b_{-1}-a_{-1}b_1-cb_{-1}+$$
$$a_1b_1-a_1b_{-1}-cb_1)\tanh^2 k=0, \tag{3.60}$$

$$cb_1+cb_{-1}-(b_0a_1+a_{-1}b_0)\tanh k+(-a_1b_1+cb_{-1}+2a_1b_{-1})\tanh^2 k+$$
$$(a_1b_0-a_{-1}b_0)\tanh^3 k=0, \tag{3.61}$$

$$-cb_1+a_1b_0\tanh k+(-cb_{-1}-a_1b_{-1}+2a_1b_1-cb_1)\tanh^2 k+$$
$$(b_0a_{-1}-a_1b_0)\tanh^3 k=0, \tag{3.62}$$

$$a_1b_1-a_1b_0\tanh k+(a_{-1}b_1+cb_1-a_1b_1)\tanh^2 k=0. \tag{3.63}$$

解上述非线性代数方程组，可得一些有意义的解

$$a_{-1}=b_{-1}=0,\ a_0=b_0,\ a_1=b_1=c=b_0\tanh k, \tag{3.64}$$

式中 b_0，k 为任意常数；

$$a_{-1}=a_1=b_1=c=b_{-1},\ a_0=b_0=\frac{b_{-1}(1+\tanh^2 k)}{\tanh k}, \tag{3.65}$$

式中 b_{-1}，k 为任意常数.

与上述情形相对应的 Toda 系统(3.42)的精确行波解为

$$u_n = b_0 \tanh k \tanh(kn + b_0 \tanh kt + \delta) + b_0,$$

$$v_n = b_0 \tanh k \tanh(kn + b_0 \tanh kt + \delta) + b_0; \tag{3.66}$$

$$u_n = b_{-1} \coth(kn + b_{-1} t + \delta) + \frac{b_{-1}(1 + \tanh^2 k)}{\tanh k} + b_{-1} \tanh(kn + b_{-1} t + \delta),$$

$$v_n = b_{-1} \coth(kn + b_{-1} t + \delta) + \frac{b_{-1}(1 + \tanh^2 k)}{\tanh k} + b_{-1} \tanh(kn + b_{-1} t + \delta). \tag{3.67}$$

依据上面类似的思路,用 tan 函数对 Toda-Lattice 系统(3.42)进行行波约化和参量变换,进行类似的求解可得

$$u_n = b_1 \cot(kn - b_1 t + \delta) + b_{-1}(\tan k - \cot k) + b_1 \tanh(kn + b_1 t + \delta),$$

$$v_n = b_1 \cot(kn - b_1 t + \delta) + b_{-1}(\tan k - \cot k) + b_1 \tanh(kn + b_1 t + \delta). \tag{3.68}$$

上述方法还可以进一步推广应用到其他非线性离散系统,下面列举部分系统,并给出其典型的孤波解.

(A) Ablowitz-Ladik Lattice 系统

$$\dot{u}_n(t) = (\alpha + u_n v_n)(u_{n+1} + u_{n-1}) - 2\alpha u_n,$$

$$\dot{v}_n(t) = -(\alpha + u_n v_n)(v_{n+1} + v_{n-1}) + 2\alpha v_n, \tag{3.69}$$

其孤波解为

$$u_n = \pm a_0 + a_0 \tanh(kn \pm 2\alpha \sinh^2 kt + \delta),$$

$$v_n = \pm \frac{\alpha}{a_0}\sinh^2 k - \frac{\alpha}{a_0}\sinh^2 k\tanh(kn \pm 2\alpha\sinh^2 kt + \delta), \tag{3.70}$$

其中 a_0，k，和 δ 为任意常数.

(B) Toda Lattice 系统

$$\ddot{u}_n(t) = (\dot{u}_n + 1)(u_{n-1} - 2u_n + u_{n+1}), \tag{3.71}$$

其孤波解为

$$u_n = a_0 \pm \sinh k\tanh(kn \pm \sinh kt + \delta), \tag{3.72}$$

其中 a_0，k 和 δ 为任意常数.

(C) (2+1)维 Toda Lattice 系统

$$\frac{\partial^2 u_n}{\partial x\,\partial t}(x,\,t) = \left(\frac{\partial u_n}{\partial t} + 1\right),\,(u_{n-1} - 2u_n + u_{n+1}) \tag{3.73}$$

其孤波解为

$$u_n = a_0 + c\tanh\left(kn + \frac{\sinh^2 k}{c}x + ct + \delta\right), \tag{3.74}$$

式中 a_0，c，k，和 δ 为任意常数.

(D) 变形的 Toda Lattice 系统

$$\dot{u}_n(t) = u_n(v_n - v_{n-1}),\ \dot{v}_n(t) = v_n(u_{n+1} - u_n), \tag{3.75}$$

其孤波解为

$$u_n = a_0 - a_0\tanh k\tanh(kn - a_0\tanh kt + \delta),$$

$$v_n = a_0 + a_0\tanh k\tanh(kn - a_0\tanh kt + \delta), \tag{3.76}$$

式中 a_0，k，和 δ 为任意常数.

(E) 相对论 Toda Lattice 系统

$$\dot{u}_n(t) = (1 + \alpha u_n)(v_n - v_{n-1}),$$

$$\dot{v}_n(t) = v_n(u_{n+1} - u_n + \alpha v_{n+1} - \alpha v_{n-1}), \qquad (3.77)$$

其孤波解为

$$u_n = -\frac{1 + a_0\alpha^2}{\alpha} + a_0\alpha\tanh k\tanh(kn + a_0\alpha\tanh kt + \delta),$$

$$v_n = a_0 - a_0\tanh k\tanh(kn + a_0\alpha\tanh kt + \delta), \qquad (3.78)$$

式中 a_0, k,和 δ 为任意常数.

(F) 离散 mKDV Lattice 系统

$$\dot{u}_n(t) = (\alpha - u_n^2)(u_{n+1} - u_{n-1}), \qquad (3.79)$$

其孤波解为

$$u_n = \pm\sqrt{\alpha}\tanh k\tanh(kn + 2\alpha\tanh kt + \delta), \qquad (3.80)$$

式中 k 和 δ 为任意常数.

3.3 椭圆函数方法及其在非线性离散系统中的推广应用

3.3.1 Jacobi 椭圆函数展开法的一般理论

考虑一般的非线性差分-微分方程[160]

$$\Delta(u_{n+p_1}(x), \cdots, u_{n+p_k}(x), \cdots, u'_{n+p_1}(x), \cdots,$$

$$u'_{n+p_k}(x), \cdots, u^{(r)}_{n+p_1}(x), \cdots, u^{(r)}_{n+p_k}(x)) = 0, \qquad (3.81)$$

其中变量 $\boldsymbol{u}$ 有 M 个组分 u_i，连续变量 $\boldsymbol{x}$ 有 N 个组分 x_i，离散变量 $\boldsymbol{n}$ 有 Q 个组分 n_j,k 个轮换矢量 $\boldsymbol{P}_i$，$\boldsymbol{u}^{(r)}(\boldsymbol{x})$表示阶数为 r 的混合偏导项的集合.

Jacobi 椭圆函数法主要步骤如下：

第一步：寻求其行波解

$$u_{n+p_s}(x)=\phi_{n+p_s}(\xi_n),\ \xi_n=\sum_{i=1}^{Q}d_i n_i+\sum_{j=1}^{N}c_j x_j+\zeta \quad (3.82)$$

对任意 $s(s=1,\cdots,k)$. 其中 d_i 和 c_j 为任意常量. 这样(3.81)变为

$$\Delta(\phi'_{n+p_1}(\xi_n),\cdots,\phi'_{n+p_k}(\xi_n),\cdots,\phi'_{n+p_1}(\xi_n),\cdots,$$
$$\phi'_{n+p_k}(\xi_n),\cdots,\phi^{(r)}_{n+p_1}(\xi_n),\cdots,\phi^{(r)}_{n+p_k}(\xi_n))=0. \quad (3.83)$$

第二步: 设(3.83)有下列形式解

$$\phi_n(\xi_n)=\sum_{i=0}^{l}a_i sn\xi_n^i, \quad (3.84)$$

$$\phi_n(\xi_n)=\sum_{i=0}^{l}a_i cn\xi_n^i, \quad (3.85)$$

$$\phi_n(\xi_n)=\sum_{i=0}^{l}a_i dn\xi_n^i, \quad (3.86)$$

其中 $a_i(i=0,\cdots,l)$ 为代定系数. 其中参数 l 可以通过平衡方程(3.83)中的最高阶导数项和非线性项得到. 且

$$\phi_{n+p_s}(\xi_n)=\sum_{i=0}^{l}a_i\left[\frac{sn\xi_n cn(\varphi_s)dn(\varphi_s)+sn(\varphi_s)cn\xi_n dn\xi_n}{1-m^2sn^2\xi_n sn^2(\varphi_s)}\right]^i, \quad (3.87)$$

$$\phi_{n+p_s}(\xi_n)=\sum_{i=0}^{l}a_i\left[\frac{cn\xi_n cn(\varphi_s)-sn\xi_n dn\xi_n sn(\varphi_s)dn(\varphi_s)}{1-m^2sn^2\xi_n sn^2(\varphi_s)}\right]^i, \quad (3.88)$$

$$\phi_{n+p_s}(\xi_n)=\sum_{i=0}^{l}a_i\left[\frac{dn\xi_n dn(\varphi_s)-m^2sn\xi_n cn\xi_n sn(\varphi_s)cn(\varphi_s)}{1-m^2sn^2\xi_n sn^2(\varphi_s)}\right]^i, \quad (3.89)$$

其中 φ_s 满足

$$\varphi_s = p_{s1}d_1 + p_{s2}d_2 + \cdots + p_{sQ}d_Q. \tag{3.90}$$

值得指出 ϕ_{n+p_s} 是 ξ_n 的函数而不是 ξ_{n+p_s} 的函数.

第三步：结合(3.82)-(3.89)式，分别可得到(3.81)的含 $sn\xi_n$，$cn\xi_n$，$dn\xi_n$ 的精确周期解. 因为 $dn^2\xi_n = 1 - m^2 sn^2\xi_n$.
当 $m = 1$ 时，

$$sn\xi_n \to \tanh\xi_n,\ cn\xi_n \to \operatorname{sech}\xi_n,\ dn\xi_n \to \operatorname{sech}\xi_n; \tag{3.91}$$

当 $m = 0$ 时，

$$sn\xi_n \to \sin\xi_n,\ cn\xi_n \to \cos\xi_n,\ dn\xi_n \to 1. \tag{3.92}$$

在此两种情况下，双周期波解退化为孤波解或三角函数解.

3.3.2 离散可积非线性 Schrödinger 方程的精确行波解

现在我们将上述 Jacobi 椭圆函数法推广运用于可积的离散非线性 Schrödinger 方程

$$\mathrm{i}\frac{\mathrm{d}u_n}{\mathrm{d}t} = (u_{n+1} + u_{n-1} - 2u_n) + \epsilon \mid u_n \mid^2 (u_{n+1} + u_{n-1}),\ \epsilon = \pm 1. \tag{3.93}$$

为将上面的方法用于方程(3.93)，我们考虑变换

$$u_n = \mathrm{e}^{\mathrm{i}\theta_n}\phi_n(\xi_n),\ \theta_n = pn + qt + \delta,\ \xi_n = kn + ct + \zeta, \tag{3.94}$$

$$u_{n+1} = \mathrm{e}^{\mathrm{i}\theta_n}\mathrm{e}^{\mathrm{i}p}\phi_{n+1}(\xi_n),\ u_{n-1} = \mathrm{e}^{\mathrm{i}\theta_n}\mathrm{e}^{-\mathrm{i}p}\phi_{n-1}(\xi_n), \tag{3.95}$$

且 $\mathrm{e}^{\pm\mathrm{i}p} = \cos(p) \pm \mathrm{i}\sin(p)$，方程(3.93)简化为

$$-q\phi_n - \cos(p)(1 + \epsilon\phi_n^2)(\phi_{n+1} + \phi_{n-1}) + 2\phi_n +$$
$$\mathrm{i}[c\phi'_n - \sin(p)(1 + \epsilon\phi_n^2)(\phi_{n+1} - \phi_{n-1})] = 0. \tag{3.96}$$

因而有

$$q\phi_n + \cos(p)(1+\epsilon\phi_n^2)(\phi_{n+1}+\phi_{n-1}) - 2\phi_n = 0, \qquad (3.97)$$

$$c\phi'_n - \sin(p)(1+\epsilon\phi_n^2)(\phi_{n+1}-\phi_{n-1}) = 0. \qquad (3.98)$$

设方程(3.97)，(3.98)有式(3.84)和(3.87)的形式. 在此例中，$p_1=-1$，$p_2=0$，$p_3=-1$，$d_1=k$，$c_1=c$，$x_1=t$，$n_1=n$. 平衡方程(3.98)中的非线性项和最高阶导数项，有 $l=1$，即

$$\phi_n(\xi_n) = a_0 + a_1 sn\xi_n,$$

$$\phi_{n+1}(\xi_n) = a_0 + a_1\left[\frac{sn\xi_n cn(k)dn(k) + sn(k)cn\xi_n dn\xi_n}{1-m^2 sn^2\xi_n sn^2(k)}\right],$$

$$\phi_{n-1}(\xi_n) = a_0 + a_1\left[\frac{sn\xi_n cn(k)dn(k) - sn(k)cn\xi_n dn\xi_n}{1-m^2 sn^2\xi_n sn^2(k)}\right], \qquad (3.99)$$

分别将(3.99)式代入(3.97)和(3.98)，消去分母并令 $cn\xi_n dn\xi_n sn^j\xi_n$ $(j=0, 1, 2)$ 和 $sn^i\xi_n (i=0, 1, 2, 3, 4)$ 前系数为零，有

$$\begin{aligned}
&2\epsilon a_0 a_1^2 m^2\cos(p)sn^2(k) = 0,\\
&4\epsilon a_1 a_0^2 m^2\cos(p)sn^2(k) - 2\epsilon a_1^3\cos(p)cn(k)dn(k) + qa_1 m^2 sn^2(k) -\\
&\quad 2a_1 m^2 sn^2(k) = 0,\\
&2\epsilon a_0^3 m^2\cos(p)sn^2(k) - 4\epsilon a_0 a_1^2\cos(p)cn(k)dn(k) + 2a_0 a_1^2\cos(p) -\\
&\quad 2\epsilon a_0 m^2\cos(p)sn^2(k) - 2a_0 m^2 sn^2(k) + qa_0 m^2 sn^2(k) = 0,\\
&2a_1 - qa_1 + 2a_1 a_0^2\cos(p)cn(k)dn(k) - 4\epsilon a_1 a_0^2\cos(p) - 2a_1\cos(p)c\\
&\quad n(k)dn(k) = 0,\\
&2a_0 - qa_0 - 2a_0\cos(p) - 2\epsilon a_0^3\cos(p) = 0,\\
&ca_1 m^2 sn^2(k) + 2\epsilon a_1^3\sin(p)sn(k) = 0,\\
&4\epsilon a_0 a_1^2\sin(p)sn(k) = 0,\\
&-ca_1 + 2a_1\sin(p)sn(k) + 2\epsilon a_1 a_0^2\sin(p)sn(k) = 0.
\end{aligned} \qquad (3.100)$$

借助于吴氏消元法和计算机代数解得

$$a_0 = b_1 = 0,\ a_1 = \pm m\sqrt{-\frac{1}{\epsilon}}sn(k),\ c = 2\sin(p)sn(k),$$

$$q = 2 - 2\cos(p)cn(k)dn(k), \tag{3.101}$$

其中 p, k 是任意常数. 从(3.101)可知, 由要求 $-\frac{1}{\epsilon} > 0$, ϵ 必须为 -1. 因此

$$u_{n,1} = \pm msn(k)e^{i\{pn+[2-2\cos(p)cn(k)dn(k)]t+\delta\}}sn[kn + 2\sin(p)sn(k)t + \zeta], \tag{3.102}$$

当 $m \to 1$, 解(3.102)退化为

$$u'_{n,1} = \pm \tanh(k)e^{i\{pn+[2-2\cos(p)\text{sech}^2(k)]t+\delta\}}\tanh[kn + 2\sin(p)\tanh(k)t + \zeta]. \tag{3.103}$$

同理,应用余弦和第三类椭圆函数展开则得($cn\xi$ 展开):类似有

$$a_0 = a_1 = 0,\ b_1 = \pm m\sqrt{\frac{1}{\epsilon - \epsilon m^2 sn^2(k)}}sn(k),$$

$$c = \frac{2\sin(p)sn(k)}{dn(k)},\ q = 2 - \frac{2\cos(p)cn(k)}{dn^2(k)}, \tag{3.104}$$

从(3.104)可知,由要求 $\frac{1}{\epsilon - \epsilon m^2 sn^2(k)} > 0$, ϵ 必须为 1. 因此

$$u_{n,2} = \pm m\frac{sn(k)}{dn(k)}cn\left\{kn + \frac{2\sin(p)sn(k)}{dn(k)}t + \zeta\right\}$$

$$\exp\left\{\text{i}\left[pn + \left(2 - \frac{2\cos(p)cn(k)}{dn^2(k)}\right)t + \delta\right]\right\}, \tag{3.105}$$

当 $m \to 1$, 解(3.105)退化为

$$u'_{n,2}=\pm\sinh(k)\operatorname{sech}\{kn+2\sin(p)\sinh(k)t+\zeta\}$$

$$\exp\{i[pn+(2-2\cos(p)\cosh(k))t+\delta]\},\qquad(3.106)$$

若以第三类 $dn\xi$ 展开,则有

$$a_0=a_1=0,\ b_1=\pm m\sqrt{\frac{1}{\epsilon-\epsilon sn^2(k)}}sn(k),$$

$$c=\frac{2\sin(p)sn(k)}{cn(k)},\ q=2-\frac{2\cos(p)dn(k)}{cn^2(k)},\qquad(3.107)$$

从(3.107)可知,由要求 $\frac{1}{\epsilon-\epsilon sn^2(k)}>0$, ϵ 必须为1. 因此

$$u_{n,3}=\pm m\frac{sn(k)}{cn(k)}dn\left\{kn+\frac{2\sin(p)sn(k)}{cn(k)}t+\zeta\right\}$$

$$\exp\left\{i\left[pn+\left(2-\frac{2\cos(p)dn(k)}{cn^2(k)}\right)t+\delta\right]\right\}.\qquad(3.108)$$

3.4 形变映射理论及非线性系统的行波解

3.4.1 基于行波约化的形变映射理论

现在对基于行波约化的形变映射理论作简单介绍[161-162]. 设非线性系统(3.1),经过行波约化后导出的方程(3.3)的形式解为

$$u(\xi)=F(\varphi(\xi))=\sum_{i=-n}^{n}a_i\varphi^i\qquad(3.109)$$

其中变量 $\varphi=\varphi(\xi)$ 为下述常微方程的解

$$\varphi'=\varepsilon\sqrt{\sum_{j=0}^{\rho}c_j\varphi^j},\qquad(3.110)$$

其中 $\varepsilon=\pm1$. 由此,对于变量 ξ 的各阶导数就转化成为有关变量 φ 的

各阶导数

$$\frac{\mathrm{d}}{\mathrm{d}\xi}\rightarrow\varepsilon\sqrt{\sum_{j=0}^{\rho}c_j\varphi^j}\,\frac{\mathrm{d}}{\mathrm{d}\varphi},\ \frac{\mathrm{d}^2}{\mathrm{d}\xi^2}\rightarrow\varepsilon^2\left[\frac{1}{2}\sum_{j=1}^{\rho}jc_j\varphi^{j-1}\frac{\mathrm{d}}{\mathrm{d}\varphi}+\sum_{j=0}^{\rho}c_j\varphi^j\frac{\mathrm{d}^2}{\mathrm{d}\varphi^2}\right],\ \cdots. \tag{3.111}$$

将方程(3.109)代入(3.3)，平衡最高阶导数项与非线性项，并利用性质(3.111)，n 和 r 之间的关系即可确定，从而获得 n 和 r 各种不同的可能值.这些取值将产生方程(3.2)精确解的各种不同的展开形式.将展开式(3.109)代入方程(3.3)，并使相同幂次方 φ^i 及 $\varphi^i\sqrt{\sum_{j=0}^{\rho}c_j\varphi^j}$ 组合在一起，从而可得关于 φ 的多项式.由于函数 $\varphi^i(i=0,1,\cdots)$ 之间的相互独立性，可将其系数都设为零，从而得到一系列代数方程，从中确定有关待定参数.

解方程(3.110)，将所得参数 $c_j(j=0,1,\cdots,\rho)$ 代入方程(3.2)，所有解即可确定. 应该注意的是，方程(3.1)是否有解取决于方程(3.110)的可解性.当 n 和 r 的取值增大时，一系列代数方程的求解过程将变得非常复杂、烦琐.在 $r=4$ 情况下，方程(3.110)有基本解，如多项式解，指数解，孤立波解，有理数解，三角周期解，Jacobian 和 Weierstrass 双周期解等.现在考虑 $\rho=4$ 时的特殊情况

$$\varphi'=\varepsilon\sqrt{c_0+c_1\varphi+c_2\varphi^2+c_3\varphi^3+c_4\varphi^4}. \tag{3.112}$$

考虑 c_0，c_1，c_2，c_3 和 c_4 的不同取值，方程(3.112)具有丰富的基础解，分类如下：

情形一　方程(3.112)具有如下两种多项式解

$$\varphi=\varepsilon\sqrt{c_0}\xi,\ c_1=c_2=c_3=c_4=0,\ c_0>0, \tag{3.113}$$

和

$$\varphi=-\frac{c_0}{c_1}+\frac{1}{4}c_1\xi^2,\ c_2=c_3=c_4=0,\ c_1\neq 0. \tag{3.114}$$

情形二　方程(3.112)具有两种指数解,即

$$\varphi=-\frac{c_1}{2c_2}+\exp(\varepsilon\sqrt{c_2}\xi),\ c_3=c_4=0,\ c_0=\frac{c_1^2}{4c_2},\ c_2>0,\tag{3.115}$$

和

$$\varphi=\frac{c_3}{2c_4}\exp\left(\varepsilon\frac{c_3}{2\sqrt{-c_4}}\xi\right),\ c_0=c_1=c_2=0,\ c_4<0.\tag{3.116}$$

情形三　方程(3.112)有如下六种三角函数解

$$\varphi=-\frac{c_1}{2c_2}+\frac{\varepsilon c_1}{2c_2}\sin(\sqrt{-c_2}\xi),\ c_0=c_3=c_4=0,\ c_2<0,\tag{3.117}$$

$$\varphi=\varepsilon\sqrt{-\frac{c_0}{c_2}}\sin(\sqrt{-c_2}\xi),\ c_1=c_3=c_4=0,\ c_0>0,\ c_2<0,\tag{3.118}$$

$$\varphi=\sqrt{-\frac{c_2}{c_4}}\sec(\sqrt{-c_2}\xi),\ c_0=c_1=c_3=0,\ c_2<0,\ c_4>0,\tag{3.119}$$

$$\varphi=-\frac{c_2}{c_3}\sec^2\left(\frac{\sqrt{-c_2}}{2}\xi\right),\ c_0=c_1=c_4=0,\ c_2<0,\tag{3.120}$$

$$\varphi=\varepsilon\sqrt{\frac{c_2}{2c_4}}\tan\left(\sqrt{\frac{-c_2}{2}}\xi\right),\ c_1=c_3=0,\ c_0=\frac{c_2^2}{4c_4},\ c_2>0,\ c_4>0,\tag{3.121}$$

和

$$\varphi = -\frac{c_2 \sec^2\left(\frac{1}{2}\sqrt{-c_2}\xi\right)}{2\varepsilon\sqrt{-c_2 c_4}\tan\left(\frac{1}{2}\sqrt{-c_2}\xi\right)+c_3}, \ c_0 = c_1 = 0, \ c_2 < 0. \tag{3.122}$$

当 $c_4 = 0$ 时,解(3.122)退化为解(3.120).

情形四 方程(3.112)有六种双曲函数解,即

$$\varphi = -\frac{c_1}{2c_2} + \frac{\varepsilon c_1}{2c_2}\sinh(\sqrt{2c_2}\xi), \ c_0 = c_3 = c_4 = 0, \ c_2 > 0, \tag{3.123}$$

$$\varphi = \varepsilon\sqrt{\frac{c_0}{c_2}}\sinh(\sqrt{c_2}\xi) \quad c_1 = c_3 = c_4 = 0, \ c_0 > 0, \ c_2 > 0, \tag{3.124}$$

$$\varphi = \sqrt{-\frac{c_2}{c_4}}\operatorname{sech}(\sqrt{c_2}\xi), \ c_0 = c_1 = c_3 = 0, \ c_2 > 0, \ c_4 < 0, \tag{3.125}$$

$$\varphi = -\frac{c_2}{c_3}\operatorname{sech}^2\left[\frac{\sqrt{c_2}}{2}\xi\right], \ c_0 = c_1 = c_4 = 0, \ c_2 > 0, \tag{3.126}$$

$$\varphi = \varepsilon\sqrt{-\frac{c_2}{2c_4}}\tanh\left[\sqrt{-\frac{c_2}{2}}\xi\right], \ c_1 = c_3 = 0, \ c_0 = \frac{c_2^2}{4c_4}, \ c_2 < 0, \ c_4 > 0, \tag{3.127}$$

和

$$\varphi = \frac{c_2 \operatorname{sech}^2\left(\frac{1}{2}\sqrt{c_2}\xi\right)}{2\varepsilon\sqrt{c_2 c_4}\tanh\left(\frac{1}{2}\sqrt{c_2}\xi\right)-c_3}, \ c_0 = c_1 = 0, \ c_2 > 0. \tag{3.128}$$

在 $c_4=0$ 这一情况下，则解(3.128)退化为解(3.126). 当 $c_3=2\varepsilon\sqrt{c_2c_4}$，则解(3.128)退化为以下形式：

$$\varphi=\frac{1}{2}\varepsilon\sqrt{\frac{c_2}{c_4}}\left[1+\tanh\left(\frac{1}{2}\sqrt{c_2}\xi\right)\right],$$

它和解(3.127)是同一类解.

情形五 方程(3.112)有两类有理数解，即

$$\varphi=-\frac{\varepsilon}{\sqrt{c_4}\xi},\ c_0=c_1=c_2=c_3=0,\ c_4>0,\tag{3.129}$$

和

$$\varphi=\frac{4c_3}{c_3^2\xi^2-4c_4},\ c_0=c_1=c_2=0,\tag{3.130}$$

情形六 当 $c_1=c_3=0$ 时，方程(3.112)有三种 Jacobian 椭圆函数双周期波解：

$$\varphi=\sqrt{-\frac{c_2m^2}{c_4(2m^2-1)}}cn\left(\sqrt{\frac{c_2}{2m^2-1}}\xi\right),$$

$$c_0=\frac{c_2^2m^2(m^2-1)}{c_4(2m^2-1)^2}\quad c_2>0,\ c_4<0,\tag{3.131}$$

$$\varphi=\sqrt{-\frac{c_2}{c_4(2-m^2)}}dn\left(\sqrt{\frac{c_2}{2-m^2}}\xi\right),\ c_0=\frac{c_2^2(1-m^2)}{c_4(m^2-2)^2},\ c_2>0,\ c_4<0,\tag{3.132}$$

和

$$\varphi=\varepsilon\sqrt{-\frac{c_2m^2}{c_4(m^2+1)}}sn\left(\sqrt{-\frac{c_2}{m^2+1}}\xi\right),$$

$$c_0=\frac{c_2^2m^2}{c_4(m^2+1)^2},\ c_2<0,\ c_4>0,\tag{3.133}$$

其中 m 为模数. Jacobian 椭圆函数为双周期函数,且具有与三角函数类似的性质,

$$sn^2\xi + cn^2\xi = 1,\ dn^2\xi = 1 - m^2 sn^2\xi,$$

$$(sn\xi)' = cn\xi\, dn\xi,\ (cn\xi)' = - sn\xi\, dn\xi,\ (dn\xi)' = - m^2 sn\xi\, cn\xi. \tag{3.134}$$

当 $m \to 1$, Jacobian 椭圆函数退化为双曲函数,有 $sn\xi \to \tanh\xi$, $cn\xi \to \mathrm{sech}\,\xi$, $dn\xi \to \mathrm{sech}\,\xi$, 而当 $m \to 0$, Jacobian 椭圆函数退化为三角函数,有 $sn\xi \to \sin\xi$, $cn\xi \to \cos\xi$, $dn\xi \to 1$. 所以,情形 3 和情形 4 中的三角函数解和双曲函数解可以认为是 Jacobian 椭圆函数解退化形式.

简单分析一下(3.113)-(3.115)式,在 $c_3 = c_1 = 0$ 时,通过变换

$$c_0 = \frac{c_2^2 m^2}{c_4(m^2+1)^2},\ \bar{\varphi} = \sqrt{-\frac{c_4(m^2+1)}{c_2 m^2}}\varphi,\ \xi = \sqrt{-\frac{c_2}{m^2+1}}\xi,$$

方程(3.112)简化为

$$\bar{\varphi}' = \pm\sqrt{1 - (m^2+1)\bar{\varphi}^2 + m^2\bar{\varphi}^4},$$

其中 $\bar{\varphi}$ 为 Jacobian 椭圆函数解 $\bar{\varphi}' = sn(\xi, m)$. 由此可得解(3.115). 用相同的方法,公式(3.113)和(3.114)也可得到. 当 $m \to 1$ 时, Jacobi 双周期解(3.131),(3.132)将退化为孤立波解(3.125),而(3.133)退化为孤立波解(3.127).

情形七 方程(3.112)有 Weierstrass 椭圆函数双周期型解:

$$\varphi = \zeta\left(\frac{\sqrt{c_3}}{2}\xi,\ g_2,\ g_3\right) \quad c_2 = c_4 = 0 \quad c_3 > 0, \tag{3.135}$$

其中 g_2, g_3 被称为 Weierstrass 椭圆函数不变量, $g_2 = -4c_1/c_3$ 和 $g_3 = -4c_0/c_3$. 实际上,当方程(3.112)中 $c_2 = c_4 = 0$ 时,通过变换

$$\bar{\xi} = \frac{\sqrt{c_3}}{2}\xi,\ c_0 = -\frac{1}{4}c_3 g_2,\ c_1 = -\frac{1}{4}c_3 g_2,$$

方程(3.112)变化为

$$\varphi'_{\xi}=\pm\sqrt{-g_3-g_2\varphi+4\varphi^3}$$

其中 φ 为 Weiertrass 椭圆函数双周期解，$\varphi=\zeta(\bar{\xi},\ g_2,\ g_3)$.

注 1 其他形式的行波解，如 csc ξ, cot ξ, cosh ξ 和 coth ξ 也可从方程(3.112)中解得. 这些解各自与函数 tan ξ, sech ξ 和 tanh ξ 成对出现，在此文中将其省略讨论.

注 2 考虑上述方法中的几种特殊情形，当 $c_1=c_3=0$, $c_0=1$, $c_2=-2$, $c_4=1$，方程(3.112)有 tanh ξ 解，文中所述方法就简化为双曲函数法；当 $c_1=c_3=0$, $c_0=c_2^2/4$, $c_4=1$ 时，方程(3.112)就退化为一 Riccati 方程. 在这种情形下，所述方法成为 Riccati 映射；而当 $c_1=c_3=0$ 时，方程(3.112)就退化为一立方非线性 Klein-Gordon (NKG)方程. 在这种情形下，所述方法成为 NKG 映射. 同样地，用 Jacobi 椭圆函数展开法就很容易得到解(3.131)～(3.133). 所以可以这样说，一般椭圆方程映射是双曲函数法、Jacobi 椭圆函数展开法、Riccati 方程映射法和 NKG 方程映射法的统一归类，更具一般性. 此外，该方法在对非线性方程求解过程中，可广泛应用计算机代数，建立计算机处理自动化平台. 在本章的下面两小节中，我们将上述方法运用于常系数的非线性系统和变系数的非线性系统.

3.4.2 (2+1)维 Boussinesq 系统的精解行波解

考虑如下(2+1)维 Boussinesq 系统[165]

$$u_{tt}-u_{xx}+3(u^2)_{xx}-u_{xxxx}-u_{yy}=0,\tag{3.136}$$

的行波解. 方程(3.136)描述流体表面重力波的传播，是 Korteweg-de Vries (KdV)方程在(2+1)维系统的一种推广.

首先，将方程(3.2)代入方程(3.136)进行行波约行，并对变量 ξ 积分一次，得

$$(k_3^2-k_2^2-k_1^2)u+3k_1^2u^2-k_1^4u_{\xi\xi}+c_0=0,\tag{3.137}$$

式中 c_0 是积分常数. 其次,将方程(3.3)和 $m=2$ 代入方程(3.136),用映射方程(3.112)而不是方程(3.110),然后合并、消去 φ 幂次项,我们得到下列两种解

$$A_1 = k_1^2 a_3,\ A_2 = a_4 = 0,\ a_2 = \frac{k_3^2 + 6k_1^2 A_0 - k_2^2 - k_1^2}{k_1^4},$$

$$c_0 = (k_1^2 - k_2^2 - k_3^2)A_0 - 3k_1^2 A_0^2 + k_1^6 a_1 a_3, \tag{3.138}$$

其中 A_0, a_0, a_1, a_3 和 $k_i(k_1 \neq 0)$ 为任意常数;及

$$A_1 = 2k_1^2 a_3,\ A_2 = 4k_1^2 a_4,$$

$$a_1 = \frac{a_3(k_3^2 a_4 - k_1^4 a_3^2 - 2k_1^2 a_4 + 12k_1^2 A_0 a_4 - 2k_2^2 a_4)}{16k_1^4 a_4^2},$$

$$a_2 = \frac{2k_3^2 a_4 + 3k_1^4 a_3^2 - 2k_1^2 a_4 + 12k_1^2 A_0 a_4 - 2k_2^2 a_4}{8k_1^4 a_4},$$

$$c_0 = \frac{1}{16a_4^2}[4A_0(4k_1^2 a_4^2 + 4k_2^2 a_4^2 + 3k_1^2 a_3^2 a_4 - 4k_3^2 a_4^2) - 48A_0 k_1^2 a_4^2 + 256k_1^6 a_4^3 a_0 + 2k_1^2 k_3^2 a_3^2 a_4 - k_1^6 a_3^4 - 2k_1^2 k_2^2 a_3^2 a_4 - 2k_1^4 a_3^2 a_4], \tag{3.139}$$

其中 A_0, a_0, a_3, a_4 $(a_4 \neq 0)$ 和 $k_i(k_1 \neq 0)$ 为任意常数. 由于任意常数 A_0 在表达式 a_1 和 a_2 中,a_1 和 a_2 实质上也为任意常数.

根据方程(3.138)和(3.139)式,可以导出 Boussinesq 系统(3.136)的两组精解行波解,

情形一

$$u = A_0 + k_1^2 a_3 g, \tag{3.140}$$

其中 g 满足下述条件

$$g_\xi^2 = 2(a_0 + a_1 g + a_2 g^2 + a_3 g^3), \tag{3.141}$$

和 $a_2 = \dfrac{k_3^2 + 6k_1^2 A_0 - k_2^2 - k_1^2}{k_1^4}$.

情形二

$$u = A_0 + 2k_1^2 a_3 g + 4k_1^2 a_4 g^2, \tag{3.142}$$

式中 g 满足下述条件

$$g_\xi^2 = 2(a_0 + a_1 g + a_2 g^2 + a_3 g^3 + a_4 g^4), \tag{3.143}$$

其中 $a_1 = \dfrac{a_3(k_3^2 a_4 - k_1^4 a_3^2 - 2k_1^2 a_4 + 12k_1^2 A_0 a_4 - 2k_2^2 a_4)}{16k_1^4 a_4^2}$ 和 $a_2 = \dfrac{2k_3^2 a_4 + 3k_1^4 a_3^2 - 2k_1^2 a_4 + 12k_1^2 A_0 a_4 - 2k_2^2 a_4}{8k_1^4 a_4}$. 从上所得结果知，一旦函数 $g(\xi)$ 被确定了，则相应的行波解 u 就找到了.

通过第一节中一般的椭圆形变映射关系，我们可以找到丰富的平面行波解，如孤波、周期波、Jacobian 和 Weierstrass 双周期波等，下面列举部分有意义的精解行波解.

情形一　Weierstrass 椭圆函数双周期波解

根据方程(3.141)，当 $a_2 = 0$，即 $A_0 = \dfrac{k_2^2 + k_1^2 - k_3^2}{6k_1^2}$，有 Weierstrass 椭圆函数双周期解

$$g = \wp\left(\frac{\sqrt{2a_3}}{2}\xi, G_2, G_3\right), (a_3 > 0), \tag{3.144}$$

式中 $G_2 = -4a_1/a_3$ 和 $G_3 = -4a_0/a_3$ 是椭圆函数不变量，则与(3.140)式相应的椭圆函数双周期波解为

$$u_1 = \frac{k_2^2 + k_1^2 - k_3^2}{6k_1^2} + a_3 k_1^2 \wp\left(\frac{\sqrt{2a_3}}{2}\xi, G_2, G_3\right). \tag{3.145}$$

情形二　Jacobian 椭圆函数双周期波解

根据方程(3.143)，当 $a_3 = 0$(相应地 $a_1 = 0$)，有 Jacobian 椭圆函

数双周期波解

$$g=\varepsilon\sqrt{-\frac{a_2m^2}{a_4(m^2+1)}}sn\left(\sqrt{-\frac{a_2}{m^2+1}}\xi,\ m\right),\tag{3.146}$$

$$\left(a_0=\frac{2a_2^2m^2}{a_4(m^2+1)^2},\ a_2<0,\ a_4>0,\varepsilon^2=1\right),$$

$$g=\sqrt{-\frac{a_2m^2}{a_4(2m^2-1)}}cn\left(\sqrt{\frac{a_2}{2m^2-1}}\xi,\ m\right),\tag{3.147}$$

$$\left(a_0=\frac{2a_2^2m^2(m^2-1)}{a_4(2m^2-1)^2},\ a_2>0,\ a_4<0\right),$$

$$g=\sqrt{-\frac{a_2}{a_4(2-m^2)}}dn\left(\sqrt{\frac{a_2}{2-m^2}}\xi,\ m\right),\tag{3.148}$$

$$\left(a_0=\frac{2a_2^2(1-m^2)}{a_4(2-m^2)^2},\ a_2>0,\ a_4<0\right),$$

式中 m 是 Jacobian 椭圆函数的模. 则与(3.142)式相应的 Jacobian 椭圆函数双周期波解为

$$u_2=A_0-4k_1^2\frac{a_2m^2}{m^2+1}sn^2\left(\sqrt{-\frac{a_2}{m^2+1}}\xi,\ m\right),\tag{3.149}$$

$$u_3=A_0-4k_1^2\frac{a_2m^2}{2m^2-1}cn^2\left(\sqrt{\frac{a_2}{2m^2-1}}\xi,\ m\right),\tag{3.150}$$

$$u_4=A_0-4k_1^2\frac{a_2}{2-m^2}dn^2\left(\sqrt{\frac{a_2}{2-m^2}}\xi,\ m\right),\tag{3.151}$$

其中 $a_2=\dfrac{k_3^2-k_2^2+(6A_0-1)k_1^2}{4k_1^4}$, A_0 为任意常数, $sn\xi$, $cn\xi$ 和 $dn\xi$

是 Jacobian 椭圆函数.

情形三　孤立波解

类似地，当 $a_0=0$，$a_1=0\left(A<4A_0=\dfrac{k_3^2a_4-k_1^4a_3^2-2k_1^2a_4-2k_2^2a_4}{-12k_1^2a_4}\right)$，方程(3.143) 有

$$g=\frac{a_2\operatorname{sech}^2\left(\frac{\sqrt{2a_2}\xi}{2}\right)}{2\varepsilon\sqrt{a_2a_4}\tanh\left(\frac{\sqrt{2a_2}\xi}{2}\right)-a_3},\ (a_2<0),\tag{3.152}$$

$$g=\frac{2a_2\operatorname{sech}(\sqrt{2a_2}\xi)}{\sqrt{a_3^2-4a_2a_4}-a_3\operatorname{sech}(\sqrt{2a_2}\xi)},\ (a_2>0,\ a_3^2-4a_2a_4>0),\tag{3.153}$$

$$g=\frac{a_2a_3\operatorname{sech}^2\left(\varepsilon\frac{\sqrt{2a_2}\xi}{2}\right)}{a_2a_4\left[1-\tanh\left(\varepsilon\frac{\sqrt{2a_2}\xi}{2}\right)\right]^2-a_3^2},\ (a_2>0,\ \varepsilon^2=1);\tag{3.154}$$

当 $a_0=a_3=0$，$a_2>0$，$a_4<0$，有

$$g=\sqrt{-\frac{a_2}{a_4}}\operatorname{sech}(\sqrt{2a_2}\xi);\tag{3.155}$$

当 $a_3=0$，$a_0=a_2^2/2a_4$，$a_2<0$，$a_4>0$，有

$$g=\varepsilon\sqrt{-\frac{a_2}{2a_4}}\tanh(\sqrt{-a_2}\xi),\tag{3.156}$$

则相应的上述(2+1)维 Boussinesq 方程(3.136)的平面孤波解为

$$u_5 = \frac{(k_3^2 - 2k_1^2 - 2k_2^2)a_4 - k_1^4 a_3^2}{-12k_1^2 a_4} + \frac{2k_1^2 a_3 a_2 \operatorname{sech}^2\left(\frac{\sqrt{2a_2}\xi}{2}\right)}{2\varepsilon\sqrt{a_2 a_4}\tanh\left(\frac{\sqrt{2a_2}\xi}{2}\right) - a_3} +$$

$$a_4\left[\frac{2k_1 a_2 \operatorname{sech}^2\left(\frac{\sqrt{2a_2}\xi}{2}\right)}{2\varepsilon\sqrt{a_2 a_4}\tanh\left(\frac{\sqrt{2a_2}\xi}{2}\right) - a_3}\right]^2, \tag{3.157}$$

$$u_6 = \frac{(k_3^2 - 2k_1^2 - 2k_2^2)a_4 - k_1^4 a_3^2}{-12k_1^2 a_4} + \frac{4k_1^2 a_3 a_2 \operatorname{sech}(\sqrt{2a_2}\xi)}{\sqrt{a_3^2 - 4a_2 a_4} - a_3 \operatorname{sech}(\sqrt{2a_2}\xi)} +$$

$$a_4\left[\frac{4k_1 a_2 \operatorname{sech}(\sqrt{2a_2}\xi)}{\sqrt{a_3^2 - 4a_2 a_4} - a_3 \operatorname{sech}(\sqrt{2a_2}\xi)}\right]^2, \tag{3.158}$$

$$u_7 = \frac{(k_3^2 - 2k_1^2 - 2k_2^2)a_4 - k_1^4 a_3^2}{-12k_1^2 a_4} + \frac{2k_1^2 a_3^2 a_2 \operatorname{sech}^2\left(\varepsilon\frac{\sqrt{2a_2}\xi}{2}\right)}{a_2 a_4\left(1 - \tanh\left(\varepsilon\frac{\sqrt{2a_2}\xi}{2}\right)\right)^2 - a_3^2} +$$

$$a_4\left[\frac{2k_1 a_2 a_3 \operatorname{sech}^2\left(\varepsilon\frac{\sqrt{2a_2}\xi}{2}\right)}{a_2 a_4\left(1 - \tanh\left(\varepsilon\frac{\sqrt{2a_2}\xi}{2}\right)\right)^2 - a_3^2}\right]^2, \tag{3.159}$$

$$u_8 = A_0 - 4k_1^2 a_2 \operatorname{sech}^2(\sqrt{2a_2}\xi), \tag{3.160}$$

$$u_9 = A_0 - 2k_1^2 a_2 \tanh^2(\sqrt{-a_2}\xi). \tag{3.161}$$

情形四　周期波解

现在我们讨论上述系统的周期解. 当 $a_0 = a_3 = 0$, $a_2 < 0, a_4 >$

0，则方程(3.143)有周期解

$$g=\sqrt{-\frac{a_2}{a_4}}\sec(\sqrt{2a_2}\xi),\tag{3.162}$$

以及当 $a_3=0$，$a_0=a_2^2/2a_4$，$a_2>0$，$a_4<0$，

$$g=\varepsilon\sqrt{-\frac{a_2}{2a_4}}\tan(\sqrt{-a_2}\xi),\tag{3.163}$$

则相应的(2+1)维 Boussinesq 方程(3.136)的平面周期波解为

$$u_{10}=A_0-4k_1^2a_2\sec^2(\sqrt{2a_2}\xi),\tag{3.164}$$

$$u_{11}=A_0-2k_1^2a_2\tan^2(\sqrt{-a_2}\xi).\tag{3.165}$$

情形五　其他行波解

由于方程(3.143)和(3.141)中含有一些任意常数，除了上述精解外，其实函数 g 还存在丰富的其他形式行波解，如有理式解、指数式解、多项式解等. 如：当 $a_0=0$，$a_1=0\left(A<4A_0=\dfrac{k_3^2a_4-k_1^4a_3^2-2k_1^2a_4-2k_2^2a_4}{-12k_1^2a_4}\right)$ 及 $a_2=0\left(A<4a_4=\dfrac{-4k_1^2a_3^2}{k_3^2}\right)$，方程(3.143)的指数解为

$$g=\frac{a_3}{2a_4}\exp\left(\frac{\varepsilon a_3}{\sqrt{-2a_4}}\xi\right),\ (\varepsilon^2=1),\tag{3.166}$$

则与其相应的 Boussinesq 方程(3.136)的指数形式解为

$$u_{12}=\frac{k_3^2a_4-k_1^4a_3^2-2k_1^2a_4-2k_2^2a_4}{-12k_1^2a_4}+\frac{k_1^2a_3^2}{a_4}\exp\left(\frac{\varepsilon a_3}{\sqrt{-2a_4}}\xi\right)+\frac{k_1^2a_3^2}{a_4}\left[\exp\left(\frac{\varepsilon a_3}{\sqrt{-2a_4}}\xi\right)\right]^2.\tag{3.167}$$

下面小节我们将上述方法推广到广义的变系数 KdV 系统.

3.4.3 广义变系数 KdV 系统的精解行波解

上述形变映射方法经适当改进后,可以进一步推广到其他变系数非线性系统.如对于一个给定的(1+1)维的非线性系统

$$P(u,\ u_x,\ u_t,\ u_{xt},\ u_{xx},\ u_{tt},\cdots)=0, \tag{3.168}$$

将前面形式解修改后表示为

$$u=u(\xi),\ \xi=p(t)x+q(t), \tag{3.169}$$

其中 $p(t)$和 $q(t)$为时间变量 t 的待定函数,而不是原来形式解中的常数.将设解(3.169)代入方程(3.168)导出常微分方程(ODE) $O(u(\xi),\ u(\xi)_{\xi},\ u(\xi)_{\xi\xi},\ \cdots)=0$,然后设 $u(\xi)$为

$$u(\xi)=F(g(\xi))=\sum_{j=0}^{m}a_j(t)g^j(\xi), \tag{3.170}$$

式中 $a_j(t)$为时间变量 t 的待定函数,$g(\xi)$满足

$$\begin{aligned} g_{\xi}^2&=2(a_0+a_1g+a_2\,g^2+a_3g^3+a_4g^4),\\ g_{\xi\xi}&=a_1+2a_2\,g+3a_3g^2+4a_4g^3, \end{aligned} \tag{3.171}$$

式中 $c_i,\ i\in(1,\ 2,\ 3,\ 4)$ 为任意常数.

我们知道,KdV 方程是一个具有广泛物理背景的泛定方程,在许多看起来明显不相关的物理系统中遇到,如流体、等离子体、晶格振动,生物 DNA 分子链等中,经过适当的近似或约化,均会发现 KdV 系统.从某种意义上而言,KdV 系统可以认为是广义系统.下面是一个广义形式的变系数 KdV 系统[166]

$$u_t+2\beta(t)u+[\alpha(t)+\beta(t)x]u_x-3c\gamma(t)uu_x+\gamma(t)u_{xxx}=0, \tag{3.172}$$

其 $\alpha(t)$, $\beta(t)$和 $\gamma(t)$为与时间 t 相关的函数. 方程(3.172)含有若干

特殊形式的系统，如方程(3.172)可以约化 KdV 方程，

$$u_t + 6uu_x + u_{xxx} + \frac{u}{2t} = 0. \tag{3.173}$$

现在将形变映射方法应用到上述广义变系数 KdV 系统(3.172). 首先，将(3.169)式代入系统(3.172)并平衡最高阶导数项 u_{xxx} 最高次非线性项 uu_x，有 $m=2$. 然后设系统(3.172)的形式解为

$$u(\xi) = a_0(t) + a_1(t)g(\xi) + a_2(t)g^2(\xi),\ \xi = p(t)x + q(t), \tag{3.174}$$

将方程(3.174)代入系统(3.172)，合并同类项，消去系数 $g^i g'^j x^k (i=1, 2, 3;\ j=0, 1;\ k=0, 1)$，导得

$$a_0' + 2\beta a_0 = 0,\ a_1' + 2\beta a_1 = 0,\ a_2' + 2\beta a_2 = 0,$$

$$a_1(p' + \beta p) = 0,\ 2a_2(p' + \beta p) = 0,\ 6\gamma a_2 p(4c_4 p^2 - ca_2) = 0,$$

$$3\gamma p(-3ca_1a_2 + 2c_4 a_1 p^2 + 5c_3 a_2 p^2) = 0,$$

$$2\alpha p a_2 - 6c\gamma a_0 a_2 p + 3c_3\gamma a_1 p^3 + 8c_2\gamma a_2 p^3 - 3c\gamma a_1^2 p + 2a_2 q' = 0,$$

$$\alpha a_1 p - 3c\gamma a_0 a_1 p + c_2\gamma a_1 p^3 + 3c_1\gamma a_2 p^3 + a_1 q' = 0. \tag{3.175}$$

由方程组(3.175)，可以得到五种精确解：

(A) $c_3 = c,\ c_4 = 0,\ a_0(t) = a_2(t) = 0, a_1(t) = \exp\left[-2\int_a^t \beta(s)\mathrm{d}s\right]$,

$p(t) = \exp\left[-\int_a^t \beta(s)\mathrm{d}s\right]$,

$$q(t) = -\int_a^t \left(\alpha(s)\exp\left[-\int_a^s \beta(v)\mathrm{d}v\right] + c_2\gamma(s)\exp\left[-3\int_a^s \beta(v)\mathrm{d}v\right]\right)\mathrm{d}s, \tag{3.176}$$

式中 c_0，c_1，c_2 为任意常数.

(B) $c_3 = c,\ c_4 = 0,\ a_0(t) = a_1(t) = \exp\left[-2\int_a^t \beta(s)\mathrm{d}s\right]$,

$$a_2(t)=0, p(t)=\exp\left[-\int_a^t \beta(s)\mathrm{d}s\right],$$

$$q(t)=-\int_a^t\left(\alpha(s)\exp\left[-\int_a^s \beta(v)\mathrm{d}v\right]+(c_2-3c)\gamma(s)\exp\left[-3\int_a^s \beta(v)\mathrm{d}v\right]\right)\mathrm{d}s, \tag{3.177}$$

这里 c_0, c_1, c_2 为任意常数.

(C) $c_1=c_3=0$, $c_4=c/4$, $a_0(t)=a_1(t)=0, a_2(t)=\exp\left[-2\int_a^t \beta(s)\mathrm{d}s\right], p(t)=\exp\left[-\int_a^t \beta(s)\mathrm{d}s\right]$,

$$q(t)=-\int_a^t\left(\alpha(s)\exp\left[-\int_a^s \beta(v)\mathrm{d}v\right]+4c_2\gamma(s)\exp\left[-3\int_a^s \beta(v)\mathrm{d}v\right]\right)\mathrm{d}s, \tag{3.178}$$

其中 c_0, c_2 为任意常数.

(D) $c_1=c_3=0$, $c_4=c/4$, $a_1(t)=0$, $a_0(t)=a_2(t)=\exp\left[-2\int_a^t \beta(s)\mathrm{d}s\right], p(t)=\exp\left[-\int_a^t \beta(s)\mathrm{d}s\right]$,

$$q(t)=-\int_a^t\left(\alpha(s)\exp\left[-\int_a^s \beta(v)\mathrm{d}v\right]+(4c_2-3c)\gamma(s)\exp\left[-3\int_a^s \beta(v)\mathrm{d}v\right]\right)\mathrm{d}s, \tag{3.179}$$

式中 c_0, c_2 为任意常数.

(E) $3c_1+c_2=c/4, c_3=c/2$, $c_4=c/4$, $a_0(t)=0$, $a_1(t)=a_2(t)=\exp\left[-2\int_a^t \beta(s)\mathrm{d}s\right], p(t)=\exp\left[-\int_a^t \beta(s)\mathrm{d}s\right]$,

$$q(t)=-\int_a^t\left(\alpha(s)\exp\left[-\int_a^s \beta(v)\mathrm{d}v\right]+c/4\gamma(s)\exp\left[-3\int_a^s \beta(v)\mathrm{d}v\right]\right)\mathrm{d}s, \tag{3.180}$$

其中 c_0 为任意常数.

类似上一节分析,通过一般的椭圆形变映射关系,也可以找到丰富的平面行波解，如孤波、周期波、Jacobian 和 Weierstrass 双周期波等，下面列举部分有意义的精解行波解.

情形一　Weierstrass 椭圆函数双周期行波

根据方程(3.176)，当 $c_2=0$, $c_3=c>0$, $a_1(t)=\exp\left[-2\int_a^t \beta(s)\mathrm{d}s\right]$，有 Weierstrass 椭圆函数双周期解

$$g_1=\wp\left(\frac{\sqrt{c}}{2}\xi,\ G_2,\ G_3\right), \tag{3.181}$$

其中 $G_2=-4c_1/c$ 和 $G_3=-4c_0/c$ 是 Weierstrass 椭圆函数不变量. 与其相应的方程(3.172)的 Weierstrass 椭圆函数双周期行波解为

$$u_1=\wp\left(\frac{\sqrt{c}}{2}\xi,\ G_2,\ G_3\right)\exp\left[-2\int_a^t \beta(s)\mathrm{d}s\right], \tag{3.182}$$

其中 ξ 为 $p(t)x+q(t)$，$p(t)$ 和 $q(t)$ 由表达式(3.176)式确定.

情形二　Jacobian 椭圆函数双周期行波

按照方程(3.178)，当 $c_3=0$(相应地 $c_1=0$)，有 Jacobian 椭圆函数双周期行波

$$g_2=\varepsilon\sqrt{-\frac{c_2m^2}{c_4(m^2+1)}}sn\left(\sqrt{-\frac{c_2}{m^2+1}}\xi,\ m\right),$$

$$\left(c_0=\frac{2c_2^2m^2}{c_4(m^2+1)^2},\ c_2<0,\ c_4>0, \varepsilon^2=1\right), \tag{3.183}$$

$$g_3=\sqrt{-\frac{c_2m^2}{c_4(2m^2-1)}}cn\left(\sqrt{\frac{c_2}{2m^2-1}}\xi,\ m\right),$$

$$\left(c_0=\frac{2c_2^2m^2(m^2-1)}{c_4(2m^2-1)^2},\ c_2>0,\ c_4<0\right), \tag{3.184}$$

$$g_4=\sqrt{-\frac{c_2}{c_4(2-m^2)}}dn\left(\sqrt{\frac{c_2}{2-m^2}}\xi,\ m\right),$$

$$\left(c_0 = \frac{2c_2^2(1-m^2)}{c_4(2-m^2)^2},\ c_2 > 0,\ c_4 < 0\right), \tag{3.185}$$

式中 m 是 Jacobian 椭圆函数的模. 与其相应的方程(3.172)的 Jacobian 椭圆函数双周期行波解为

$$u_2 = -\frac{4c_2m^2}{c(m^2+1)} sn^2\left(\sqrt{-\frac{c_2}{m^2+1}}\xi,\ m\right)\exp\left[-2\int_a^t \beta(s)\mathrm{d}s\right], \tag{3.186}$$

$$u_3 = -\frac{4c_2m^2}{c(2m^2-1)} cn^2\left(\sqrt{\frac{c_2}{2m^2-1}}\xi,\ m\right)\exp\left[-2\int_a^t \beta(s)\mathrm{d}s\right], \tag{3.187}$$

$$u_4 = -\frac{4c_2}{c(2-m^2)} dn^2\left(\sqrt{\frac{c_2}{2-m^2}}\xi,\ m\right)\exp\left[-2\int_a^t \beta(s)\mathrm{d}s\right], \tag{3.188}$$

其中 ξ 等于 $p(t)x + q(t)$, 而 $p(t)$ 和 $q(t)$ 由(3.178)确定.

情形三　孤立波

类似地,当 $c_0 = c_1 = 0$, 方程(3.171)有孤立波解

$$g_5 = \frac{c_2\operatorname{sech}^2\left(\frac{1}{2}\sqrt{c_2}\xi\right)}{2\varepsilon\sqrt{c_2c_4}\tanh\left(\frac{1}{2}\sqrt{c_2}\xi\right) - c_3},\ (c_2 > 0); \tag{3.189}$$

当 $c_0 = c_1 = 0,\ c_2 > 0$,

$$g_6 = -\frac{c_2}{c}\operatorname{sech}^2\left(\frac{\sqrt{c_2}}{2}\xi\right); \tag{3.190}$$

当 $c_0 = c_1 = c_3 = 0,\ c_2 > 0$,

$$g_7 = \sqrt{-\frac{4c_2}{c}}\operatorname{sech}(\sqrt{c_2}\xi); \tag{3.191}$$

当 $c_0 = c_2^2/c$，$c_1 = c_3 = 0$，$c_2 < 0$，

$$g_8 = \sqrt{-\frac{2c_2}{c}}\tanh\left(\sqrt{-\frac{c_2}{2}}\xi\right). \tag{3.192}$$

与其相应的方程(3.172)的孤立波解为

$$u_5 = \frac{c_2\operatorname{sech}^2\left(\frac{1}{2}\sqrt{c_2}\xi\right)}{2\varepsilon\sqrt{c_2c_4}\tanh\left(\frac{1}{2}\sqrt{c_2}\xi\right) - c_3}\left(1 + \frac{c_2\operatorname{sech}^2\left(\frac{1}{2}\sqrt{c_2}\xi\right)}{2\varepsilon\sqrt{c_2c_4}\tanh\left(\frac{1}{2}\sqrt{c_2}\xi\right) - c_3}\right)\exp\left[-2\int_a^t\beta(s)\mathrm{d}s\right], \tag{3.193}$$

式中 $\varepsilon = \pm 1$，$\omega = p(t)x + q(t)$，$p(t)$ 和 $q(t)$ 由(3.179)式确定.

$$u_6 = -\frac{c_2}{c}\operatorname{sech}^2\left(\frac{\sqrt{c_2}}{2}\xi\right)\exp\left[-2\int_a^t\beta(s)\mathrm{d}s\right], \tag{3.194}$$

其中 $\xi = p(t)x + q(t)$，$p(t)$ 和 $q(t)$ 如(3.176)式所示.

$$u_7 = -\frac{4c_2}{c}\operatorname{sech}^2(\sqrt{c_2}\xi)\exp\left[-2\int_a^t\beta(s)\mathrm{d}s\right], \tag{3.195}$$

这里 $\xi = p(t)x + q(t)$，$p(t)$ 和 $q(t)$ 由(3.178)式确定.

$$u_8 = -\frac{2c_2}{c}\tanh^2\left(\sqrt{-\frac{c_2}{2}}\xi\right)\exp\left[-2\int_a^t\beta(s)\mathrm{d}s\right], \tag{3.196}$$

式中 $\xi = p(t)x + q(t)$，$p(t)$ 和 $q(t)$ 由(3.178)式确定.

情形四　周期波

当 $c_0 = c_1 = 0$，$c_2 < 0$ 时，方程(3.168)有周期波解

$$g_9 = -\frac{c_2}{c}\sec^2\left(\frac{\sqrt{-c_2}}{2}\xi\right); \tag{3.197}$$

当 $c_0 = c_2^2/c$，$c_1 = c_3 = 0$，$c_2 > 0$ 时，有

$$g_{10} = \frac{4c_2}{c}\tan^2\left(\sqrt{\frac{c_2}{2}}\xi\right), \tag{3.198}$$

与此相应的方程(3.172)的周期波解为

$$u_9 = -\frac{c_2}{c}\sec^2\left(\frac{\sqrt{-c_2}}{2}\xi\right)\exp\left[-2\int_a^t \beta(s)\mathrm{d}s\right], \tag{3.199}$$

式中 $\xi = p(t)x + q(t)$，$p(t)$和 $q(t)$由(3.176)式确定.

$$u_{10} = \frac{4c_2}{c}\tan^2\left(\sqrt{\frac{c_2}{2}}\xi\right)\exp\left[-2\int_a^t \beta(s)\mathrm{d}s\right], \tag{3.200}$$

其中 $\xi = p(t)x + q(t)$，$p(t)$和 $q(t)$如(3.178)式所示.

情形五　其他形式的行波解

除了上述精解行波解外，还存在丰富的其他形式行波解，如有理式解、指数式解、多项式解等. 如：$c_0 = 1/36$，$c_3 = c_4 = 0$，$c_2 > 0$，方程(3.171)有指数解

$$g_{11} = 1/6 + \exp(\varepsilon\sqrt{c_2}\xi),\ (\varepsilon^2 = 1), \tag{3.201}$$

与其相应的方程(3.172)的精确行波解为

$$u_{11} = (1/6 + \exp(\varepsilon\sqrt{c_2}\xi))(1 + 1/6 + \exp(\varepsilon\sqrt{c_2}\xi))\exp\left[-2\int_a^t \beta(s)\mathrm{d}s\right], \tag{3.202}$$

其中 $\xi = p(t)x + q(t)$，$p(t)$和 $q(t)$由(3.179)式确定.

3.5　本章小结

在现实的自然世界中，除了存在连续系统外，还有大量的离散系统，如：弹簧振子系统、晶格点阵系统、生物 NDA 分子链等. 另外，自然界中的行波是一种常见而重要的物理现象，因为它可以很好地描

述若干物理现象，如振动、波的传播等. 在这一章中，我们将基于行波约化的代数方法推广应用到非线性离散系统和复杂的变系数非线性系统，寻求其精确的行波.

基于行波约化方法和孤立波的结构特征，用代数法研究非线性系统有明显的优点，尤其是计算机代数的成熟发展和广泛应用，使得代数法可以分析非常复杂(含高阶偏导数和强耦合)的非线性系统. 近些年在原有工作的基础上，人们不断推广和发展了不同的代数方法. 不仅处理方法的共性被揭示，而且应用上具有较好的普适性，得到了非线性系统若干新的精确行波解，如：双周期波结构，各种形式的孤立波解等，还有指数式解、有理函数解等也可以一起得到. 本章主要讨论三种基于行波约化的代数方法——双曲函数法、Jacobian 椭圆函数方法和形变映射方法. 先介绍了三种方法的一般理论，然后将双曲函数法、Jacobian 椭圆函数方法推广应用到非线性离散系统中，然后将形变映射方法到(2+1)维常系数系统和广义的变系数系统中. 在推广应用到非线性离散系统和系数系统中，我们对上述方法作了延拓和改进. 本章的结果表明，上述方法不仅能被广泛地应用于连续系统，而且能被推广应用于离散系统；不仅能被广泛地应用于常系数的理想系统，而且能被推广应用于更接近实际的变系数的广义非线性系统.

但是，本章中尚有一个问题值得进一步研究：上述基于行波约化的代数法，得到的结果只能是行波解. 对(2+1)维非线性系统而言，所得的孤立波只能在某个方向局域，在其他方向上不能局域，如线孤子，并不能得到各方向都局域的平面相干孤子，如 dromions 结构. 可是，在第二章中，我们用多线性分离变量法，已发现(2+1)维非线性系统存在大量的局域解. 那么，现在一个有意义且十分重要的问题是，用代数法能否也得到平面局域解？答案是肯定的. 在下一章中，我们将提出一种广义映射理论，其核心思想是对研究的非线性系统不作行波约化，而是运用类似于 Charkson-Kruskal (CK)直接约化的思想. 所得的结果表明，系统中存在与多线性分离变量法所得结果类似的丰富的局域解，行波解只是其特解.

第四章 广义映射理论和(2+1)维非线性系统的局域解

4.1 一般理论

对于给定的一个非线性系统

$$P(u, u_t, u_{x_i}, u_{x_i x_j}, \cdots) = 0, \tag{4.1}$$

对系统(4.1)不作行波约化,而借助于 CK 约化理论,设它有如下的形式解[167]

$$u = \sum_{i=0}^{n} \alpha_i(x) \phi^i(\omega(x)), \tag{4.2}$$

ϕ 满足

$$\phi' = \sigma + \phi^2, \tag{4.3}$$

其中 $x = (x_0 = t, x_1, x_2, \cdots, x_m)$,$\sigma$ 为常数.ϕ 的上标表示对 ω 的一阶微分.为寻求 u 的显式解,可按下列步骤进行:首先,类似于一般的代数法,由齐次平衡原理确定 n,通过平衡系统中最高阶线性导数项和最高次非线性项.其次,将形式解(4.2)和(4.3)代入给定的非线性系统(4.1),合并 ϕ 的同次幂,消去各次幂前的系数,导出一个关于 $\alpha_i (i = 0, 1, \cdots, n)$ 和 ω 偏微分系统.第三,求解上述偏微分系统得出 α_i 和 ω.一般而言,对不同的物理系统,求解过程不会相同,而且这个分析还是相当烦琐复杂的.最后,由于(4.3)式拥有如下的一般解

$$\phi=\begin{cases}-\sqrt{-\sigma}\tanh(\sqrt{-\sigma}\omega),\ \sigma<0,\\-\sqrt{-\sigma}\coth(\sqrt{-\sigma}\omega),\ \sigma<0,\\\sqrt{\sigma}\tan(\sqrt{\sigma}\omega),\ \sigma>0,\\-\sqrt{\sigma}\cot(\sqrt{\sigma}\omega),\ \sigma>0,\\\dfrac{-1}{\omega},\ \sigma=0,\end{cases}\tag{4.4}$$

将已求得的 α_i，ω 和(4.4)代入(4.2)，就可以得到给定的非线性系统的显式解. 由于在设形式解前，我们没有进行行波约化，从而有可能得到更具一般性的解. 我们将上述改进后的映射方法称之为“广义映射法”. 下面，我们将上述方法运用于若干具有广泛物理背景的非线性系统，如：(2+1)维色散长水波系统、(2+1)维 Broer-Kaup-Kupershmidt 系统、(2+1)维色散 Boit-Leon-Pempinelli 系统、(2+1)维广义 Broer-Kaup 系统等.

4.2 (2+1)维色散长水波系统的广义映射解

首先考虑下列形式的(2+1)维色散长水波系统(DLW)[168,169]

$$v_t+(uv)_x+u_{xxy}=0,\tag{4.5}$$

$$u_{ty}+v_{xx}+u_xu_y+uu_{xy}=0.\tag{4.6}$$

上述(2+1)维色散长水波系统由 Boiti 等人从“弱 Lax 对”的相容性条件导出. Paquin 和 Winternitz 证明了上述系统具有无穷维对称代数和 Kac-Moody-Virasoro 结构. 楼森岳教授给出了它的 W_∞ 对称代数、9 种二维相似约化和 13 种常微分方程约化. 同时，楼森岳还证明上述系统(4.6)不具有 Painlevé 性质，虽然它是 Lax 可积或逆散射可积. 通过 Painlevé-Bäcklund 变换和多线性分离变量法，楼和唐还给出它丰富的局域结构. 在文献[168]中，我们通过广义映射法给出它的新型的分离变量解.

现在我们运用广义映射法研究系统(4.6).通过领头项的平衡原理,形式解(4.2)为

$$u = f + g\phi(q), \tag{4.7}$$

$$v = F + G\phi(q) + H\phi^2(q), \tag{4.8}$$

式中 f, g, F, G, H 和 q 是关于$\{x, y, t\}$的待定函数.将(4.8)和(4.3)代入(4.6),合并 ϕ 的同次幂,令各 ϕ 同次幂前的系数为零,导出

$$2q_y q_x + H = 0, \tag{4.9}$$

$$2g_y q_x^2 + 2Hq_t + 2fHq_x + g_x H + gH_x + 2gq_x G + 4g_x q_y q_x + 2gq_y q_{xx} + 4gq_x q_{xy} = 0, \tag{4.10}$$

$$g_y q_{xx} + gq_{xxy} + f_x H + g_x G + H_t + 2g_{xy} q_x + 8gq_y q_x^2 \sigma + 2g_{xx} q_y + Gq_t + fGq_x + 3gHq_x\sigma + gq_x F + fH_x + gG_x + 2g_x q_{xy} = 0, \tag{4.11}$$

$$g_x F + 2gq_x G\sigma + 2fHq_x\sigma + g_{xxy} + 4gq_x q_{xy}\sigma + 2Hq_t\sigma + f_x G + 2gq_y q_{xx}\sigma + G_t + gF_x + 2g_y q_x^2\sigma + fG_x + 4g_x q_x q_y\sigma = 0, \tag{4.12}$$

$$f_y gq_x\sigma + Gq_{xx}\sigma + F_{xx} + gq_y f_x\sigma + g^2 q_y q_x\sigma^2 + fg_x q_y\sigma + ff_{xy} + fg_y q_x\sigma + f_{xy}\sigma + 2G_x\sigma + f_y f_x + 2Hq_x^2\sigma^2 + g_t q_y\sigma + gq_{yt}\sigma + g_y q_t\sigma = 0, \tag{4.13}$$

$$2Hq_x + g^2 q_y = 0, \tag{4.14}$$

$$2g_y gq_x + 2gq_y q_t + g^2 q_{xy} + 2Hq_{xx} + 4H_x q_x + 2Gq_x^2 + 2fgq_y q_x + 2gq_y g_x = 0, \tag{4.15}$$

$$g_y g_x + 8Hq_x^2\sigma + fg_x q_y + 8q_y f_x + f_y g q_x + g g_{xy} + g_y q_t + g q_{xx} + H_{xx} + g_t q_y + fg q_{xy} + fg_y q_x + 4g^2 q_x q_y \sigma + 2G_x q_x = 0, \tag{4.16}$$

$$g f_{xy} + g^2 q_{xy}\sigma + 2g q_y q_t \sigma + f g_{xy} + g_{yt} + 4H_x q_x \sigma + 2H q_{xx}\sigma + 2G q_x^2 \sigma + 2fg q_x q_y \sigma + g_y f_x + G_{2x} + 2g q_y g_x \sigma + 2g g_y q_x \sigma + f_y g_x = 0, \tag{4.17}$$

$$f_y g q_x \sigma + G q_{xx}\sigma + F_{xx} + g q_y f_x \sigma + g^2 q_x q_y \sigma^2 + f g_x q_y \sigma + f f_{xy} + f g_y q_x \sigma + f_{yt} + fg q_{xy}\sigma + 2G_x q_x \sigma + f_y f_x + 2H q_x^2 \sigma^2 + g_t q_y \sigma + g q_{yt}\sigma + g_y q_t \sigma = 0. \tag{4.18}$$

根据方程(4.9)和(4.14)，可得

$$H = -2q_x q_y, \; g = 2q_x, \tag{4.19}$$

将式(4.19)代入式(4.10)和(4.15)，导出

$$G = -2q_{xy}, \; f = \frac{q_{xx} - q_t}{q_x}, \tag{4.20}$$

用式(4.19)和(4.20)约化(4.11)-(4.13)，(4.16)-(4.18)，得到

$$F = \frac{q_x q_{yt} + q_{xy} q_{xx} - q_{xy} q_t - q_x q_{xxy} - 2q_x^3 q_y \sigma}{q_x^2}, \tag{4.21}$$

和

$$-q_x^3 q_{xty} - 2q_x^3 q_{xxyt} + 4q_x^2 q_{xxy} q_{xt} - q_x^2 q_{xy} q_{4x} - 4q_x^2 q_{xxy} q_{xxx} + 2q_x^2 q_{xy} q_{xxt} + 4q_{xx} q_x^2 q_{xyt} - 4q_{xx} q_x^2 q_{xxxy} - 3q_{xx} q_{xy} q_t^2 + q_x q_{xxy} q_t^2 + 12q_{xx}^2 q_{xy} q_t - 4q_x q_{xx} q_{yt} 4q_{xxy} q_x^5 \sigma + 9q_{xx}^2 q_x q_{xxy} + 2q_t q_x^2 q_{xxxy} - 2q_t q_x^2 q_{xyt} - q_x^2 q_{xy} q_{xt} - 2q_x^2 q_{yt} q_{xt} + 2q_x^2 q_{xxx} q_{yt} + 4q_{xy} q_{xx} q_x^4 \sigma + 8q_{xx} q_x q_{xy} q_{xxx} - 8q_{xx} q_x q_{xy} q_{xt} - 8q_{xx} q_x q_{xxy} q_t - 4q_t q_x q_{xy} q_{xxx} + 2q_t q_x q_{xx} q_{yt}^2 + 4q_t q_x q_{xy} q_{xt} - 9q_{xy} q_{xx}^3 +$$

$$q_x^3 q_{xxxxy} = 0. \tag{4.22}$$

将式(4.19)，(4.20)，(4.22)和方程(4.8)的解代入方程(4.8)，可以得到方程(4.6)的解.

根据式(4.22)，找出其一般形式解是非常困难的，但是，我们可以得到它的一些特解，其中一种特解可表示为

$$q = \chi(x, t) + \varphi(y), \tag{4.23}$$

其中 $\chi \equiv \chi(x, t)$，$\varphi \equiv \varphi(y)$ 是关于(x, t)和 y 的两个变量分离的任意函数. 根据方程(4.3)的解，可以得出方程(4.6)的精确解.

情形一　当 $\sigma < 0$，我们可以得到方程(4.6)的孤波解

$$u_1 = \frac{\chi_{xx} - \chi_t}{\chi_x} - 2\chi_x\sqrt{-\sigma}\tanh(\sqrt{-\sigma}(\chi + \varphi)), \tag{4.24}$$

$$v_1 = -2\chi_x\varphi_y\sigma + 2\chi_x\varphi_y\sigma\tanh^2(\sqrt{-\sigma}(\chi + \varphi)), \tag{4.25}$$

$$u_2 = \frac{\chi_{xx} - \chi_t}{\chi_x} - 2\chi_x\sqrt{-\sigma}\coth(\sqrt{-\sigma}(\chi + \varphi)), \tag{4.26}$$

$$v_2 = -2\chi_x\varphi_y\sigma + 2\chi_x\varphi_y\sigma\coth^2(\sqrt{-\sigma}(\chi + \varphi)), \tag{4.27}$$

其中 $\chi \equiv \chi(x, t)$ 和 $\varphi \equiv \varphi(y)$ 为所示变量的任意函数.

情形二　当 $\sigma < 0$，我们可以得到方程(4.6)的周期孤波解

$$u_3 = \frac{\chi_{xx} - \chi_t}{\chi_x} + 2\chi_x\sqrt{\sigma}\tan(\sqrt{\sigma}(\chi + \varphi)), \tag{4.28}$$

$$v_3 = -2\chi_x\varphi_y\sigma - 2\chi_x\varphi_y\sigma\tan^2(\sqrt{\sigma}(\chi + \varphi)), \tag{4.29}$$

$$u_4 = \frac{\chi_{xx} - \chi_t}{\chi_x} - 2\chi_x\sqrt{\sigma}\cot(\sqrt{\sigma}(\chi + \varphi)), \tag{4.30}$$

$$v_4 = -2\chi_x\varphi_y\sigma - 2\chi_x\varphi_y\sigma\cot^2(\sqrt{-\sigma}(\chi + \varphi)), \tag{4.31}$$

$\chi(x, t)$和 $\varphi(y)$为任意函数.

情形三　当 $\sigma = 0$，我们可以得到方程(4.6)的变量分离解

$$u_5 = \frac{\chi_{xx} - \chi_t}{\chi_x} - \frac{2\chi_x}{\chi + \varphi}, \tag{4.32}$$

$$v_5 = -\frac{2\chi_x \varphi_y}{(\chi + \varphi)^2}, \tag{4.33}$$

$\chi(x, t)$和 $\varphi(y)$为任意函数.

4.3　广义映射法在其他(2+1)维非线性系统的应用

在最近的研究中，我们发现广义映射法不只适用于上述色散长水波系统，而且对其他(2+1)维非线性系统也有较好的普适性. 在下面小节里，我们将上述广义映射法推广到其他(2+1)维非线性系统，如：BKK 系统，BLP 系统，以及 GBK 系统等.

4.3.1　(2+1)维广义 Broer-Kaup-Kupershmidt 系统

作为具体的例子，我们首先考虑广义的(2+1)维 Broer-Kaup-Kupershmidt(BKK)系统[170]

$$H_{yt} - H_{xxy} + 2(HH_x)_y + 2v_{xx} = 0, \tag{4.34}$$

$$v_t + 2(vH)_x + v_{xx} = 0. \tag{4.35}$$

为了方便分析(2+1)维 Broer-Kaup-Kupershmidt 系统，我们考虑对式(4.35)中的 H 和 v 进行 Painlevé-Bäcklund 变换

$$H = (\ln f)_x + H_0,\ v = (\ln f)_{xy} + v_0. \tag{4.36}$$

该变换是从标准的 Painlevé 截断导出，其中函数 $H_0 = H_0(x, t)$ 和 $v_0 = 0$ 是 BKK 系统(4.35)的种子解. 根据(4.36)式和种子解，我们可以直接得到变量 H 和 v 的变换关系：$v = H_y$. 将 $v = H_y$ 代入式(4.35)导出

$$\partial_y(H_t + H_{xx} + 2HH_x) = 0. \tag{4.37}$$

现在我们对方程(4.37)式应用广义映射法分析.通过平衡最高次非线性项和最高次幂项,形式解(4.2)变为

$$H = f(x, y, t) + g(x, y, t)\phi(q(x, y, t)), \tag{4.38}$$

$f \equiv f(x, y, t)$, $g \equiv g(x, y, t)$ 和 $q \equiv q(x, y, t)$ 是关于$\{x, y, t\}$的待定函数.将(4.38)式和 Riccati 方程代入方程(4.37),合并 ϕ 的同次幂,并令各 ϕ 的同次幂前的系数为零,导出

$$6gq_xq_y(q_x + g) = 0, \tag{4.39}$$

$$2gq_yq_t + 4gq_xg_y + 2g^2q_{xy} + 2gq_yq_{xx} + 2g_yq_x^2 + 4gq_xq_{xy} + 4g_xq_yq_x + 4fgq_xq_y + 4g_xgq_y = 0, \tag{4.40}$$

$$gq_{xxy} + g_yq_{xx} + 2f_xgq_y + 2fgq_{xy} + 2gq_xf_y + 2gg_{xy} + 2fg_yq_x + g_yq_t + 8g^2q_xq_y\sigma + 2g_xq_{xy} + 8gq_yq_x^2\sigma + 2fg_xq_y + 2g_xg_y + 2g_{xy}q_x + g_tq_y + g_{xx}q_y + gq_{yt} = 0, \tag{4.41}$$

$$2g_yq_x^2\sigma + 2gq_yq_t\sigma + 2fg_{xy} + 2g_xf_y + g_{yt} + 4g_xq_xq_y\sigma + g_{xxy} + 4gq_xg_y\sigma + 2f_xg_y + 2g^2q_{xy}\sigma + 4gq_xq_{xy}\sigma + 4g_xgq_y\sigma + 4fgq_yq_x\sigma + 2gf_{xy} + 2gq_yq_{xx}\sigma = 0, \tag{4.42}$$

$$g_yq_{xx}\sigma + gq_{xxy}\sigma + g_tq_y\sigma + 2g^2q_xq_y\sigma^2 + f_{xxy} + f_{yt} + gq_{yt}\sigma + 2ff_{xy} + 2fg_yq_x\sigma + 2f_xf_y + 2f_xgq_y\sigma + 2fg_xq_y\sigma + g_yq_t\sigma + 2gq_xf_y\sigma + 2fgq_{xy}\sigma + g_{xx}q_y\sigma + 2gq_x^2q_y\sigma^2 + 2g_{yt}q_x\sigma + 2g_xq_{xy}\sigma = 0. \tag{4.43}$$

根据(4.39)~(4.43)式,通过与第二节类似的处理步骤直接计算,我们最后得到如下精确解

$$g = -q_x, \tag{4.44}$$

$$f = -\frac{q_{xx} + q_t}{2q_x}, \tag{4.45}$$

$$q = \chi(x, t) + \varphi(y), \tag{4.46}$$

$\chi \equiv \chi(x, t)$,$\varphi \equiv \varphi(y)$ 是关于$\{x, t\}$和 y 的两个变量分离函数. 现在基于 Riccati 方程的解,我们就能得到方程(4.35)一种新型的变量分离解.

情形一　当 $\sigma < 0$, 我们可以得到 BBK 系统(4.35)的孤波解

$$H_1 = -\frac{\chi_{xx} + \chi_t}{2\chi_x} + \sqrt{-\sigma}\chi_x \tanh(\sqrt{-\sigma}(\chi + \varphi)), \tag{4.47}$$

$$v_1 = \sigma\chi_x\varphi_y - \sigma\chi_x\varphi_y \tanh^2(\sqrt{-\sigma}(\chi + \varphi)), \tag{4.48}$$

$$H_2 = -\frac{\chi_{xx} + \chi_t}{2\chi_x} + \sqrt{-\sigma}\chi_x \coth(\sqrt{-\sigma}(\chi + \varphi)), \tag{4.49}$$

$$v_2 = \sigma\chi_x\varphi_y - \sigma\chi_x\varphi_y \coth^2(\sqrt{-\sigma}(\chi + \varphi)), \tag{4.50}$$

这里 $\chi \equiv \chi(x, t)$ 和 $\varphi \equiv \varphi(y)$ 是所示变量的任意函数.

情形二　当 $\sigma > 0$, 我们可以得到 BBK 系统(4.35)的周期波解

$$H_3 = -\frac{\chi_{xx} + \chi_t}{2\chi_x} - \sqrt{\sigma}\chi_x \tan(\sqrt{\sigma}(\chi + \varphi)), \tag{4.51}$$

$$v_3 = -\sigma\chi_x\varphi_y - \sigma\chi_x\varphi_y \tan^2(\sqrt{\sigma}(\chi + \varphi)), \tag{4.52}$$

$$H_4 = -\frac{\chi_{xx} + \chi_t}{2\chi_x} + \sqrt{\sigma}\chi_x \cot(\sqrt{\sigma}(\chi + \varphi)), \tag{4.53}$$

$$v_4 = -\sigma\chi_x\varphi_y - \sigma\chi_x\varphi_y \cot^2(\sqrt{-\sigma}(\chi + \varphi)), \tag{4.54}$$

$\chi(x, t)$和 $\varphi(y)$是任意函数.

情形三　当 $\sigma = 0$, 我们得到 BBK 系统(4.35)的变量分离解

$$H_5 = -\frac{\chi_{xx} + \chi_t}{2\chi_x} + \frac{\chi_x}{\chi + \varphi}, \tag{4.55}$$

$$v_5 = -\frac{\chi_x \varphi_y}{(\chi + \varphi)^2}, \tag{4.56}$$

其中 $\chi(x, t)$和 $\varphi(y)$为任意函数.

4.3.2　(2+1)维 Boiti-Leon-Pempinelli 系统

现在我们考虑(2+1)Boiti-Leon-Pempinelli 系统[171]

$$u_{yt} = (u^2 - u_x)_{xy} + 2v_{xxx},$$

$$v_t = v_{xx} + 2uv_x, \tag{4.57}$$

BLP 系统的可积系统,且具有 Hamiltonian 结构. 通过适当的变换, BLP 系统可以从著名的 sin-Gordon 方程或 sinh-Gordon 方程导出. 这些方程出现在数学物理的许多分支,并被广泛地应用于原子物理、分子物理、粒子物理和浅水波模型等实际问题中[129,171].

通过运用齐次平衡原理对 BLP 系统(4.57)进行领头项分析,可设其形式解为

$$u = f + g\phi,\ v = F + G\phi, \tag{4.58}$$

这里 $f \equiv f(x, y, t)$, $g \equiv g(x, y, t)$, $F \equiv F(x, y, t)$, $G \equiv G(x, y, t)$, $\phi \equiv \phi(\omega)$, $\omega \equiv \omega(x, y, t)$ 均为待求函数. 将式(4.58)和式(4.3)代入方程(4.57)并按 ϕ 的同次幂合并,消去 ϕ^i $(i = 1, 2, \cdots)$ 前的各项系数,导出下述方程组

$$2Gw_x^2 + 2gGw_x = 0, \tag{4.59}$$

$$Gw_{xx} - Gw_t + 2fGw_x + 2G_x w_x + 2gG_x = 0, \tag{4.60}$$

$$2gF_x + 2gGw_x\sigma - G_t + 2Gw_x^2\sigma + 2fG_x G_{xx} = 0, \tag{4.61}$$

$$F_{xx}+2fGw_x\sigma+2G_xw_x\sigma-F_t+Gw_{xx}\sigma+2fF_x-Gw_t\sigma=0, \tag{4.62}$$

$$12Gw_x^3-6gw_yw_x^2+6g^2w_yw_x=0, \tag{4.63}$$

$$-4g_xw_yw_x-2gw_xw_t+4fgw_yw_x+12G_xw_x^2-4gw_xw_{xx}-2g_yw_{xx}^2+2g^2w_{xy}+4g_ygw_x-2gw_yw_{xx}+4gw_yg_x+12Gw_xw_{xx}=0, \tag{4.64}$$

$$6G_{xx}w_x+2fg_xw_y+2f_ygw_x-g_yw_t+2gw_yf_x-g_{xx}w_y+2gg_{xy}-8gw_yw_x^2\sigma+2g_yg_x-2g_xw_{xy}+8g^2w_yw_x\sigma-gw_{ty}+16Gw_x^3\sigma-g_yw_{xx}+2fg_yw_x-gw_{xxy}+2fgw_{xy}+6G_xw_{xx}+2Gw_{xxx}-2g_{xy}w_x-g_tw_y=0, \tag{4.65}$$

$$-g_{ty}+2gf_{xy}+12G_xw_x^2\sigma+2G_{xxx}+12Gw_xw_{xx}\sigma-4gw_xw_{xy}\sigma+2g_yf_x+2fg_{xy}+4g_ygw_x\sigma+4fgw_yw_x\sigma+2f_yg_x-g_{xxy}g+4gw_yg_x\sigma-2g_yw_x^2\sigma-2gw_yw_{xx}\sigma-4g_xw_yw_x\sigma-2gw_yw_t\sigma+2g^2w_{xy}\sigma=0, \tag{4.66}$$

$$-gw_{xxy}\sigma+6G_{xx}w_x\sigma-g_{xx}w_y\sigma-2g_{xy}w_x\sigma-g_yw_{xx}\sigma+2f_yf_x+2ff_{xy}-gw_{ty}\sigma-f_{ty}-f_{xxy}-2g_xw_{xy}\sigma+2fg_yw_x\sigma-2gw_yw_x^2\sigma^2+2f_ygw_x\sigma+2gw_yf_x\sigma+6G_xw_{xx}\sigma+2F_{xxx}+2Gw_{xxx}\sigma+2gw_yw_x\sigma^2+2fg_xw_y\sigma-g_yw_t\sigma+4Gw_x^3\sigma^2-g_tw_y\sigma+2fgw_{xy}\sigma=0. \tag{4.67}$$

由式(4.59)和式(4.63)可得

$$g=-w_x,\ G=-w_y. \tag{4.68}$$

将式(4.68)代入到(4.60)得

$$f=\frac{w_t-w_{xx}}{2w_x}. \tag{4.69}$$

将式(4.68)和(4.69)代入到(4.61)导出

$$F=\int\frac{w_xw_{yt}-w_{xy}w_t+w_{xy}w_{xx}-w_xw_{xxy}}{2w_x^2}\mathrm{d}x. \tag{4.70}$$

再将式(4.68)、(4.69)和(4.70)代入到(4.62)、(4.65)、(4.66)和(4.67)得到两个关于变量为 w 的约束方程

$$\begin{aligned}&2w_xw_{yt}w_{xx}+2w_xw_{xxy}w_t+w_xw_{xy}w_{xt}-w_xw_{xy}w_{xxx}+w_{xxxy}w_x^2-\\&4w_{xx}w_{xy}w_t-3w_{xx}w_{xxy}w_x-w_x^3\int(-w_{tty}w_x^2+w_{yt}w_xw_{xt}-\\&w_{xy}w_{xxt}w_x+w_{xyt}w_tw_x+w_{xy}w_{tt}w_x-w_xw_{xx}w_{xyt}+w_{xxyt}w_x^2-\\&w_{xxy}w_{xt}w_x-2w_{xt}w_{xy}w_t+2w_{xt}w_{xy}w_{xx})/w_x^3\,\mathrm{d}x+4w_{xy}w_x^4\sigma+\\&3w_{xy}w_{xx}^2-w_{xyt}w_x^2-w_tw_xw_{yt}+w_{xy}w_t^2=0.\end{aligned} \tag{4.71}$$

和

$$\begin{aligned}&4w_x^5w_{xxy}\sigma+w_{xxxxy}w_x^3+w_x^3w_{tty}-w_x^2w_{xy}w_{tt}+2w_x^2w_{xy}w_{xxt}+\\&2w_tw_{xxxy}w_x^2+4w_{xx}w_{xyt}w_x^2+12w_{xy}w_tw_{xx}^2+w_xw_{xxy}w_t^2+\\&4w_x^2w_{xxy}w_{xt}-4w_x^2w_{xxy}w_{xxx}+9w_xw_{xxy}w_{xx}^2-3w_{xy}w_t^2w_{xx}-\\&2w_x^3w_{xxyt}-2w_x^2w_{yt}w_{xt}+8w_{xy}w_{xx}w_xw_{xxx}+4w_{xy}w_{xx}\sigma w_x^4+\\&2w_xw_{yt}w_{xx}w_t-9w_{xy}w_{xx}^3-4w_{xy}w_tw_xw_{xxx}-8w_{xy}w_{xx}w_xw_{xt}-\\&4w_{xx}w_{xxxy}w_x^2-2w_tw_{xyt}w_x^2+2w_x^2w_{yt}w_{xxx}+4w_{xy}w_tw_xw_{xt}-\\&4w_xw_{yt}w_{xx}^2-w_x^2w_{xy}w_{xxxx}-8w_xw_{xxt}w_{xx}w_t=0.\end{aligned} \tag{4.72}$$

显然,要从式(4.71)和式(4.72)中解得 w 的通解是很难的.但是仔细分析其特点,发现它们的存在如下形式的特解

$$w = \chi(x,t) + \varphi(y), \tag{4.73}$$

其中 $\chi(x,t) \equiv \chi$ 是关于 (x,t) 的任意函数 $\varphi(y) \equiv \varphi$ 是关于 y 的任意函数.

现在将式(4.68)、(4.69)、(4.70)、(4.71)以及(4.4)代入到(4.58)式,则得(2+1)维 Boiti-Leon-Pempinelli 的广义映射解.

情形一　当 $\sigma < 0$ 时,有

$$u_1 = \frac{\chi_t - \chi_{xx} + 2\chi_x^2\sqrt{-\sigma}\tanh(\sqrt{-\sigma}(\chi+\varphi))}{2\chi_x}, \tag{4.74}$$

$$v_1 = \varphi_y\sqrt{-\sigma}\tanh(\sqrt{-\sigma}(\chi+\varphi)). \tag{4.75}$$

$$u_2 = \frac{\chi_t - \chi_{xx} + 2\chi_x^2\sqrt{-\sigma}\coth(\sqrt{-\sigma}(\chi+\varphi))}{2\chi_x}, \tag{4.76}$$

$$v_2 = \varphi_y\sqrt{-\sigma}\coth(\sqrt{-\sigma}(\chi+\varphi)). \tag{4.77}$$

情形二　当 $\sigma > 0$ 时,有

$$u_3 = \frac{\chi_t - \chi_{xx} - 2\chi_x^2\sqrt{\sigma}\tan(\sqrt{\sigma}(\chi+\varphi))}{2\chi_x}, \tag{4.78}$$

$$v_3 = -\varphi_y\sqrt{\sigma}\tan(\sqrt{\sigma}(\chi+\varphi)). \tag{4.79}$$

$$u_4 = \frac{\chi_t - \chi_{xx} + 2\chi_x^2\sqrt{\sigma}\cot(\sqrt{\sigma}(\chi+\varphi))}{2\chi_x}, \tag{4.80}$$

$$v_4 = \varphi_y\sqrt{\sigma}\cot(\sqrt{\sigma}(\chi+\varphi)). \tag{4.81}$$

情形三　当 $\sigma = 0$ 时,有

$$u_5 = \frac{\chi_t - \chi_{xx}}{2\chi_x} + \frac{\chi_x}{\chi+\varphi}, \tag{4.82}$$

$$v_5 = \frac{\varphi_y}{\chi+\varphi}. \tag{4.83}$$

上述三种情形中的 $\chi(x,t)\equiv\chi$ 和 $\varphi(y)\equiv\varphi$ 为所示变量的任意函数.

由于式(4.74)～(4.83)中都包含有任意函数 φ, χ,使得系统的解变得相当丰富,如取 $\chi=kx+ct$, $\varphi=ly$ 时,则所有上述解转为行波解. 同时注意到式(4.82)和(4.83)的势函数 $U=u_y=v_x$，有

$$U=\frac{\chi_x\varphi_y}{(\chi+\varphi)^2}. \tag{4.84}$$

本质上等价于变量分离法的一般式. 因此,利用式(4.84)可以构建出利用变量分离法所能构建出的局域结构. 在本文第五章中,为了得到系统一些特殊的或新的局域结构,以式(4.74)或(4.75)式为分析对象. 依据(4.74)式和(4.75)式的势函数 $U=u_y=v_x$，有

$$U=-\chi_x\varphi_y\sigma(1-\tanh^2(\sqrt{\sigma}(\chi+\varphi)))=-\varphi_y\chi_x\sigma\operatorname{sech}^2(\sqrt{\sigma}(\chi+\varphi)). \tag{4.85}$$

4.3.3 (2+1)维广义 Broer-Kaup 系统

类似地，我们考虑下面的(2+1)维 Broer-Kaup(GBK)系统[172]

$$h_t-h_{xx}+2hh_x+u_x+Au+Bg=0, \tag{4.86}$$

$$g_t+2(gh)_x+g_{xx}+4A(g_x-h_{xy})+4B(g_y-h_{yy})+C(g-2h_y)=0, \tag{4.87}$$

$$u_y-g_x=0, \tag{4.88}$$

这里 A, B, C 是任意常数. GBK 系统是从典型的(1+1)维 Broer-Kaup(BK)系统运用标准 Painlevé 分析方法导出.

为了简单起见,我们先对方程(4.86)作关于变量 y 微分,然后，将式(4.88)代入式(4.86),那么 GBK 系统变为一组耦合非线性方程

$$(h_t-h_{xx}+2hh_x)_y+g_{xx}+Ag_x+Bg_y=0, \tag{4.89}$$

$$g_t + 2(gh)_x + g_{xx} + 4A(g_x - h_{xy}) + 4B(g_y - h_{yy}) + C(g - 2h_y) = 0. \tag{4.90}$$

我们先将式(4.89)和(4.90)中的 h, g 进行 Painlevé-Bäcklund 变换，

$$h = (\ln f)_x + h_0,\ g = 2(\ln f)_{xy} + g_0, \tag{4.91}$$

其中 $f = f(x, y, t)$ 是关于变量$\{x, y, t\}$代的任意待定函数，$\{h_0, g_0\}$是方程(4.89)和(4.90)一个已知的任意种子解. 显然方程(4.89)和(4.90)拥有种子解

$$h_0 = h_0(x, t),\ g_0 = 0, \tag{4.92}$$

$h_0(x, t)$为所示变量的任意函数. 而且，根据 Painlevé-Bäcklund 变换(4.91)和种子解(4.92)，我们可以引入一种简单的变换关系 $g = 2h_y$. 通过变换 $g = 2h_y$，式(4.89)和(4.90)能进一步化简为一个方程

$$\partial_y(h_t + h_{xx} + 2hh_x + 2Ah_x + 2Bh_y) = 0. \tag{4.93}$$

现在我们对方程(4.93)应用上述映射法，通过类似的分析，设解(4.2)变为

$$h = a(x, y, t) + b(x, y, t)\phi(\omega(x, y, t)), \tag{4.94}$$

这里 a, b 和 ω 是关于$\{x, y, t\}$的任意待定函数. 将(4.94)和 Riccati 方程代入方程(4.93)，合并 ϕ 的同次幂，令各 ϕ 的同次幂前的系数为零，得出一组偏微分方程. 借助 Maple 经过计算，我们可以得到方程(4.93)的精确解. 最后，我们将求得的解代入 Painlevé-Bäcklund 变换和它们的关系 $g = 2h_y$ 得出 GBK 系统的精确解.

情形一　当 $\sigma < 0$，我们可以得到 GBK 系统(4.89)和(4.90)的孤波解

$$h_1 = -\frac{\chi_{xx} + \chi_t + 2A\chi_x}{2\chi_x} + \chi_x\sqrt{-\sigma}\tanh(\sqrt{-\sigma}(\chi + \varphi)), \tag{4.95}$$

$$g_1 = -2\chi_x\varphi_y\sigma + 2\chi_x\varphi_y\sigma\tanh^2(\sqrt{-\sigma}(\chi+\varphi)), \tag{4.96}$$

$$h_2 = -\frac{\chi_{xx} + \chi_t + 2A\chi_x}{2\chi_x} + \chi_x\sqrt{-\sigma}\coth(\sqrt{-\sigma}(\chi+\varphi)), \tag{4.97}$$

$$g_2 = -2\chi_x\varphi_y\sigma + 2\chi_x\varphi_y\sigma\coth^2(\sqrt{-\sigma}(\chi+\varphi)), \tag{4.98}$$

其中 $\chi \equiv \chi(x, t)$ 和 $\varphi \equiv \varphi(y-2Bt)$ 是所示变量的两个任意函数.

情形二　当 $\boldsymbol{\sigma} > 0$, 我们可以得到 GBK 系统(4.89)和(4.90)的周期波解

$$h_3 = -\frac{\chi_{xx} + \chi_t + 2A\chi_x}{2\chi_x} - \chi_x\sqrt{\sigma}\tan(\sqrt{\sigma}(\chi+\varphi)), \tag{4.99}$$

$$g_3 = -2\chi_x\varphi_y\sigma - 2\chi_x\varphi_y\sigma\tan^2(\sqrt{\sigma}(\chi+\varphi)), \tag{4.100}$$

$$h_4 = -\frac{\chi_{xx} + \chi_t + 2A\chi_x}{2\chi_x} + \chi_x\sqrt{\sigma}\cot(\sqrt{\sigma}(\chi+\varphi)), \tag{4.101}$$

$$g_4 = -2\chi_x\varphi_y\sigma - 2\chi_x\varphi_y\sigma\cot^2(\sqrt{-\sigma}(\chi+\varphi)), \tag{4.102}$$

其中 $\chi(x, t)$和 $\varphi(y-2Bt)$为两个任意函数.

情形三　当 $\boldsymbol{\sigma} = 0$, 我们可以得到 GBK 系统(4.89)和(4.90)的变量分离解

$$h_5 = -\frac{\chi_{xx} + \chi_t + 2A\chi_x}{2\chi_x} + \frac{\chi_x}{\chi+\varphi}, \tag{4.103}$$

$$g_5 = -\frac{2\chi_x\varphi_y}{(\chi+\varphi)^2}, \tag{4.104}$$

式中 $\chi(x, t)$和 $\varphi(y-2Bt)$为任意函数.

4.4 对称延拓映射和(2+1)维非线性系的局域解

4.4.1 一般理论和(2+1)维 GBK 系统局域解

为了寻求非线性物理系统更一般的或新的精确解,我们根据映

射变换的思路和约化理论,对形式解作对称延拓,进一步映射法.其基本思路为对于一个一般的非线性物理系统

$$P(v) \equiv P(x_0 = t, x_1, x_2, \cdots, x_n, v, v_{x_i}, v_{x_i x_j}, \cdots), \tag{4.105}$$

其中 $v = v(v_1, v_2, \cdots, v_q)^{\mathrm{T}}$, $P(v) = (P_1(v), P_2(v), \cdots, P_q(v))^{\mathrm{T}}$ 和 $P_i(v)$是关于 v_i 的和它们微分的多项式,(T 是转置矩阵).现在设系统(4.105)拥有扩展对称的形式解[173,174,175]

$$v_i = \sum_{j=-N}^{N} \alpha_{ij}(x) \phi^j(\omega(x)),\ x \equiv (t, x_1, x_2, \cdots, x_n),\ i = 1, 2, \cdots, q, \tag{4.106}$$

这里 $\alpha_{ij}(x)$, $\omega(x)$待定任意函数,ϕ 也是 Riccati 方程的解

$$\phi' - \phi^2 = \sigma, \tag{4.107}$$

其中 σ 是常数,上标表示 ϕ 对 ω 的微分. N 由非线性系统的最高次非线性项和最高次幂项平衡后给出.

将设解(4.106)和 Riccati 方程(4.107)代入方程(4.105),合并 ϕ 的同次幂,然后令各 ϕ 同次幂前的系数为零,导出一组关于 $\alpha_{ij}(x)$和 $\omega(x)$的偏微分方程组.通过解偏微分方程得出 $\alpha_{ij}(x)$和 $\omega(x)$,并将得出的结果和 Riccati 方程和 Riccati 方程的解

$$\phi = \begin{cases} -\sqrt{-\sigma}\tanh(\sqrt{-\sigma}w),\ \sigma < 0, \\ -\sqrt{-\sigma}\coth(\sqrt{-\sigma}w),\ \sigma < 0, \\ \sqrt{\sigma}\tan(\sqrt{\sigma}w),\ \sigma > 0, \\ -\sqrt{\sigma}\cot(\sqrt{\sigma}w),\ \sigma > 0, \\ \dfrac{-1}{w},\ \sigma = 0, \end{cases} \tag{4.108}$$

代入方程(4.106),则可以得到给定的非线性系统的精确映射解.

在下面的讨论中,作为一个具体的例子,我们将给出 GBK 系统

的一组新的精确映射解[173]

$$H_t - H_{xx} + 2HH_x + U_x + \alpha U + \beta G = 0, \tag{4.109}$$

$$G_t + 2(GH)_x + G_{xx} + 4\alpha(G_x - H_{xy}) + 4\beta(G_y - H_{yy}) + \gamma(G - 2H_y) = 0, \tag{4.110}$$

$$U_y - G_x = 0, \tag{4.111}$$

其中 α, β 和 γ 是常数.

首先,对(4.109)关于变量 y 求一次微分并将式(4.111)代入方程(4.109)导出

$$(H_t - H_{xx} + 2HH_x)_y + G_{xx} + \alpha G_x + \beta G_y = 0, \tag{4.112}$$

$$G_t + 2(GH)_x + G_{xx} + 4\alpha(G_x - H_{xy}) + 4\beta(G_y - H_{yy}) + \gamma(G - 2H_y) = 0. \tag{4.113}$$

然后,对(4.112)和(4.113)进行下面的 Bäcklund 变换

$$H = \frac{\psi_x}{\psi} + H_0,\ G = 2\frac{\psi_{xy}}{\psi} - 2\frac{\psi_x\psi_y}{\psi^2}, \tag{4.114}$$

其中 $\psi \equiv \psi(x, y, t)$ 和 $H_0 \equiv H_0(x, t)$ 是所示讨论的任意函数. 根据方程(4.114)和(4.111),导出

$$G = 2H_y, \tag{4.115}$$

$$U = 2H_x + A(x, t), \tag{4.116}$$

其中 $A(x, t)$是关于$\{x, t\}$的任意积分函数. 将式(4.115)代入方程(4.112)和(4.113),得出一个同样的非线性偏微分方程

$$(H_t + H_{xx} + 2\alpha H_x + 2\beta H_y + 2HH_x)_y = 0, \tag{4.117}$$

其等价形式为

$$H_t + H_{xx} + 2(\alpha H_x + \beta H_y + HH_x) = R(x, t), \tag{4.118}$$

其中 $R(x, t)$为任意的积分函数.

通过(4.118)式的领头项平衡，对称延拓的形式解(4.106)变为

$$H = f + g\phi(w) + h\phi^{-1}(w), \tag{4.119}$$

其中 f, g, h 和 w 是关于$\{x, y, t\}$的任意待定函数. 将式(4.119)和(4.107)代入方程(4.118)，合并 ϕ 的同次幂，消去 ϕ 同次幂前的系数，导出

$$2g^2 w_x + 2g w_x^2 = 0, \tag{4.120}$$

$$2g_x w_x + g w_t + 2g g_x + 2\beta g w_y + g w_{xx} + 2f g w_x + 2\alpha g w_x = 0, \tag{4.121}$$

$$g_{xx} + 2f g_x + 2g f_x + 2\beta g_y + g_t + 2g\sigma w_x^2 + 2\alpha g_x + 2\sigma g^2 w_x = 0, \tag{4.122}$$

$$-2\sigma h^2 w_x + 2\sigma^2 h w_x^2 = 0, \tag{4.123}$$

$$-2\sigma\beta h w_x - 2\sigma\alpha h w_x - \sigma h w_{xx} - \sigma h w_t + 2h h_x - 2\sigma h_x w_x - 2\sigma f h w_x = 0, \tag{4.124}$$

$$2\beta h_y + 2f h_x + h_t + h_{xx} + 2\sigma h w_x^2 + 2\alpha h_x - 2h^2 w_x = 0, \tag{4.125}$$

$$2\sigma g_x w_x + 2\sigma\beta g w_y - 2\beta h w_y + 2\alpha\sigma g w_x + 2\beta f_y + \sigma r w_t + 2g h_x - 2\alpha h w_x + 2\sigma f g w_x + f_t + \sigma g w_{xx} + 2f f_x - 2h_x w_x - R - 2f h w_x - h w_{xx} + 2\alpha f_x + 2h g_x = 0. \tag{4.126}$$

根据式(4.120)和(4.123)，我们有

$$g = -w_x, \quad h = \sigma w_x. \tag{4.127}$$

将式(4.127)代入方程(4.121)，可以得到

$$f = -\frac{w_t + 2\beta w_y + w_{xx} + 2\alpha w_x}{2w_x}. \tag{4.128}$$

用式(4.127)和(4.128)去化简剩余的等式，我们发现式(4.122)，

(4.124)和(4.125)相同,当式(4.126)写成

$$2Rw_x^3 + w_{xx}w_t^2 + 4w_tw_{xx}^2 + 2w_x^2w_{xxt} + w_x^2w_{xxxx} + w_x^2w_{xx} + 16\sigma w_x^4w_{xx} + 3w_{xx}^3 - 8\beta^2 w_xw_yw_{xy} - 4\beta w_xw_{xt}w_y - 2w_xw_{xt}w_t - 4\beta w_xw_yw_{xxx} + 4\beta w_tw_yw_{xx} - 4\beta w_xw_tw_{xy} - 8\beta w_xw_{xy}w_{xx} + 4\beta^2 w_y^2w_{xx} + 8\beta w_yw_{xx}^2 - 2w_tw_xw_{xxx} - 4w_xw_{xx}w_{xt} - 4w_{xx}w_xw_{xxx} + 4\beta^2 w_x^2w_{yy} + 4\beta w_x^2w_{xt} + 4\beta w_x^2w_{xxy} = 0. \tag{4.129}$$

将式(4.127),(4.128)和方程(4.129)的解代入方程(4.119),我们就可以得到方程(4.118)的精确解.

显然,当$R(x, t) = 0$时,我们可以得到GBK系统($w = ax + by + ct$)系统的一组简单的行波解. 在现在的讨论中,为了得到GBK系统更一般的形式解,我们将变量w设为

$$w = \chi(x, t) + \varphi(y, t), \tag{4.130}$$

其中$\chi \equiv \chi(x, t)$, $\varphi \equiv \varphi(y, t)$为两个关于$(x, t)$和$(y, t)$任意的变量分离函数. 将式(4.130)代入方程(4.129)得

$$2R\chi_x^3 - 2\chi_x\chi_t\chi_{xt} + 2\chi_x^2\chi_{xxt} + \chi_{xx}\chi_t^2 + 4\chi_t\chi_{xx}^2 - 2\chi_t\chi_x\chi_{xxx} + \chi_x^2\chi_{xxxx} + 3\chi_{xx}^3 - 4\chi_x\chi_{xx}\chi_{xxx} + 16\sigma\chi_x^4\chi_{xx} - 4\chi_x\chi_{xx}\chi_{xt} + \chi_x^2\chi_{xx} + [2\chi_{xx}^2 - \chi_x\chi_{xt} - \chi_x\chi_{xxx} + \chi_t\chi_{xx} + 2\beta\varphi_y + \varphi_t + 2\beta\chi_x^2(\partial_y + \partial_t)](2\beta\varphi_y + \varphi_t) = 0\,. \tag{4.131}$$

既然$R(x, t)$是关于$\{x, t\}$的任意函数,我们可以先将变量χ视为是关于$\{x, t\}$的任意函数,然后将$R(x, t)$确定为下面的形式

$$R = -\frac{1}{2\chi_x^3}(-2\chi_x\chi_t\chi_{xt} + 2\chi_x^2\chi_{xxt} + \chi_{xx}\chi_t^2 + 4\chi_t\chi_{xx}^2 - 2\chi_t\chi_x\chi_{xxx} + \chi_x^2\chi_{xxxx} + 3\chi_{xx}^3 - 4\chi_x\chi_{xx}\chi_{xxx} + 16\sigma\chi_x^4\chi_{xx} - 4\chi_x\chi_{xx}\chi_{xt} + \chi_x^2\chi_{xx}). \tag{4.132}$$

将式(4.132)代入(4.131)导出

$$\varphi_t + 2\beta\varphi_y = 0\,. \tag{4.133}$$

从(4.133)式很容易推出,其解 φ 是一个关于 $\{y - 2\beta t\}$ 的任意函数,即

$$\varphi(y,\ t) = \varphi(y - 2\beta t). \tag{4.134}$$

最后,根据式(4.108),(4.115),(4.116),(4.119),(4.127),(4.128),(4.130)和(4.134),可以得到 GBK 系统的精确映射解.

情形一　当 $\sigma < 0$,可以得到 GBK 系统的孤波解

$$H_1 = -\frac{2\alpha\chi_x + \chi_t + \chi_{xx} - 2\chi_x^2\sqrt{-\sigma}\tanh[\sqrt{-\sigma}(\chi+\varphi)]}{2\chi_x} - \frac{\sigma\chi_x}{\sqrt{-\sigma}\tanh[\sqrt{-\sigma}(\chi+\varphi)]}, \tag{4.135}$$

$$G_1 = 2\,\frac{\sigma\chi_x\varphi_y\operatorname{sech}^4[\sqrt{-\sigma}(\chi+\varphi)]}{\tanh^2[\sqrt{-\sigma}(\chi+\varphi)]}, \tag{4.136}$$

$$U_1 = 2\sigma\chi_x^2\tanh^2[\sqrt{-\sigma}(\chi+\varphi)] + 2\sqrt{-\sigma}\chi_{xx}\tanh[\sqrt{-\sigma}(\chi+\varphi)] + \frac{2\sqrt{-\sigma}\chi_{xx}}{\tanh[\sqrt{-\sigma}(\chi+\varphi)]} + \frac{2\sigma\chi_x^2}{\tanh^2[\sqrt{-\sigma}(\chi+\varphi)]} + \frac{\chi_{xx}^2 - 4\sigma\chi_x^4 - \chi_x\chi_{xt} + \chi_t\chi_{xx} - \chi_x\chi_{xxx}}{\chi_x^2} + A(x,\ t), \tag{4.137}$$

$$H_2 = -\frac{2\alpha\chi_x + \chi_t + \chi_{xx} - 2\chi_x^2\sqrt{-\sigma}\coth[\sqrt{-\sigma}(\chi+\varphi)]}{2\chi_x} - \frac{\sigma\chi_x}{\sqrt{-\sigma}\coth[\sqrt{-\sigma}(\chi+\varphi)]}, \tag{4.138}$$

$$G_2 = 2\frac{\sigma\chi_x\varphi_y\operatorname{csch}^4[\sqrt{-\sigma}(\chi+\varphi)]}{\coth^2[\sqrt{-\sigma}(\chi+\varphi)]}, \tag{4.139}$$

$$U_2 = 2\sigma\chi_x^2\coth^2[\sqrt{-\sigma}(\chi+\varphi)] + 2\sqrt{-\sigma}\chi_{xx}\coth[\sqrt{-\sigma}(\chi+\varphi)] + \frac{2\sqrt{-\sigma}\chi_{xx}}{\coth[\sqrt{-\sigma}(\chi+\varphi)]} + \frac{2\sigma\chi_x^2}{\coth^2[\sqrt{-\sigma}(\chi+\varphi)]} + \frac{\chi_{xx}^2 - 4\sigma\chi_x^4 - \chi_x\chi_{xt} + \chi_t\chi_{xx} - \chi_x\chi_{xxx}}{\chi_x^2} + A(x, t), \tag{4.140}$$

其中 $\chi(x, t)$，$\varphi(y-2\beta t)$ 和 $A(x, t)$ 为所示变量的三个任意函数.

情形二　当 $\sigma > 0$，可以得到 GBK 系统的周期波解

$$H_3 = -\frac{2\alpha\chi_x + \chi_t + \chi_{xx} + 2\chi_x^2\sqrt{\sigma}\tan[\sqrt{\sigma}(\chi+\varphi)]}{2\chi_x} + \frac{\sigma\chi_x}{\sqrt{\sigma}\tan[\sqrt{\sigma}(\chi+\varphi)]}, \tag{4.141}$$

$$G_3 = -2\frac{\sigma\chi_x\varphi_y\sec^4[\sqrt{\sigma}(\chi+\varphi)]}{\tan^2[\sqrt{\sigma}(\chi+\varphi)]}, \tag{4.142}$$

$$U_3 = -2\sigma\chi_x^2\tan^2[\sqrt{\sigma}(\chi+\varphi)] - 2\sqrt{\sigma}\chi_{xx}\tan[\sqrt{\sigma}(\chi+\varphi)] + \frac{2\sqrt{\sigma}\chi_{xx}}{\tan[\sqrt{\sigma}(\chi+\varphi)]} - \frac{2\sigma\chi_x^2}{\tan^2[\sqrt{\sigma}(\chi+\varphi)]} + \frac{\chi_{xx}^2 - 4\sigma\chi_x^4 - \chi_x\chi_{xt} + \chi_t\chi_{xx} - \chi_x\chi_{xxx}}{\chi_x^2} + A(x, t), \tag{4.143}$$

$$H_4 = -\frac{2\alpha\chi_x + \chi_t + \chi_{xx} - 2\chi_x^2\sqrt{\sigma}\cot[\sqrt{\sigma}(\chi+\varphi)]}{2\chi_x} - \frac{\sigma\chi_x}{\sqrt{\sigma}\cot[\sqrt{\sigma}(\chi+\varphi)]}, \tag{4.144}$$

$$G_4=-2\frac{\sigma\chi_x\varphi_y\csc^4[\sqrt{\sigma}(\chi+\varphi)]}{\cot^2[\sqrt{\sigma}(\chi+\varphi)]},\tag{4.145}$$

$$U_4=-2\sigma\chi_x^2\cot^2[\sqrt{\sigma}(\chi+\varphi)]+2\sqrt{\sigma}\chi_{xx}\cot[\sqrt{\sigma}(\chi+\varphi)]-\frac{2\sqrt{\sigma}\chi_{xx}}{\cot[\sqrt{\sigma}(\chi+\varphi)]}-\frac{2\sigma\chi_x^2}{\cot^2[\sqrt{\sigma}(\chi+\varphi)]}+\frac{\chi_{xx}^2-4\sigma\chi_x^4-\chi_x\chi_{xt}+\chi_t\chi_{xx}-\chi_x\chi_{xxx}}{\chi_x^2}+A(x,t),\tag{4.146}$$

式中 $\chi(x,t)$,$\varphi(y-2\beta t)$和 $A(x,t)$为所示变量的任意函数.

情形三　当 $\sigma=0$,可以得到 GBK 系统的变量分离解

$$H_5=-\frac{(\chi+\varphi)(\chi_t+\chi_{xx}+2\alpha\chi_x)+2\chi_x^2}{2\chi_x(\chi+\varphi)},\tag{4.147}$$

$$G_5=\frac{-2\varphi_y\chi_x}{(\chi+\varphi)^2}.\tag{4.148}$$

$$U_5=\frac{\chi_{xx}(\chi_t+\chi_{xx})-\chi(\chi_{xxx}+\chi_{xt})}{\chi_x^2}+\frac{2\chi_{xx}}{\chi+\varphi}-\frac{2\chi_x^2}{(\chi+\varphi)^2}+A(x,t),\tag{4.149}$$

其中 $\chi(x,t)$,$\varphi(y-2\beta t)$和 $A(x,t)$为所示变量的任意函数.

4.4.2　基于对称延拓映射的(2+1)维 BLP 系统的局域解

作为另外一个具体的例子,我们考虑(2+1)维 Boiti-Leon-Pempinelli 系统[174]

$$u_{yt}-(u^2-u_x)_{xy}-2v_{xxx}=0,\ v_t-v_{xx}-2uv_x=0.\tag{4.150}$$

通过类似上述方法的平衡步骤,设解(4.106)可得

$$u=f+g\phi(q)+h\phi^{-1}(q),\ v=F+G\phi(q)+H\phi^{-1}(q),\tag{4.151}$$

其中 f, g, h, F, G, H 和 q 是关于$\{x, y, t\}$任意待定函数. 将式(4.151)和 Riccati 方程一起代入(4.150)，合并 ϕ 的同次幂，令各 ϕ 同次幂前的系数为零,导出

$$g^2q_xq_y-gq_yq_x^2+2Gq_x^3=0,\tag{4.152}$$

$$-gq_yq_{xx}+g^2q_{xy}-g_yq_x^2+2fgq_xq_y+2gg_yq_x+2gq_yg_x-gq_yq_t-2gq_xq_{xy}-2g_xq_xq_y+6G_xq_x^2+6Gq_xq_{xx}=0,\tag{4.153}$$

$$8\sigma g^2q_xq_y+2sg_xq_y+2gf_yq_x+2gf_xq_y+16G\sigma q_x^3-g_yq_{xx}+2fgq_{xy}-g_tq_y-2g_{xy}q_x+6G_{xx}q_x+2fg_yq_x+6G_xq_{xx}-gq_{yt}+2g_yg_x-2g_xq_{xy}+2Gq_{xxx}-8\sigma gq_yq_x^2+2gg_{xy}-gq_{xxy}-g_{xx}q_y-g_yq_t=0,\tag{4.154}$$

$$4\sigma q_xq_y(fg-g_x)+2\sigma gq_{xy}(g-2q_x)+\sigma q_{xx}(12Gq_x-2gq_y)+\sigma q_x^2(12G_x-2g_y)-g_{xxy}+4\sigma gg_yq_x+2f_yg_x+4\sigma gg_xq_y-2\sigma gq_yq_t-g_{yt}+2fg_{xy}+2f_xg_y+2gf_{xy}+2G_{xxx}=0,\tag{4.155}$$

$$q_xq_y(2h^2+2\sigma^2g^2-2\sigma^2g+2\sigma hq_x)+q_{xy}(2\sigma fg-2\sigma g_x+2h_x-2fh)+q_{xxx}(2\sigma G-2H)+q_{xxy}(h-\sigma g)+q_x(2\sigma fg_y-2f_yh-2fh_y+2\sigma gf_y-2\sigma g_{xy}+2h_{xy}+6\sigma G_{xx})+q_{xx}(h_y-6H_x+6\sigma G_x-\sigma g_y)+4\sigma q_x^3(\sigma G-H)+q_{yt}(h-\sigma g)-6H_{xx}+2f_xf_y+q_y(2\sigma fg_x-2hf_x-2fh_x+2\sigma gf_x+h_t-\sigma g_{xx}+h_{xx}-\sigma g_t)-\sigma g_yq_t+2h_yg_x+h_yq_t+2g_yh_x+2ff_{xy}+2gh_{xy}+2hg_{xy}-f_{xxy}+2F_{xxx}-f_{yt}=0,\tag{4.156}$$

$$-\sigma q_{xx}(12Hq_x-2hq_y)-2hq_{xy}(2\sigma q_x+h)+4\sigma q_xq_y(fh-h_x)+2\sigma q_x^2(6H_x-h_y)-h_{xxy}-h_{yt}+2hf_{xy}+2H_{xxx}-2hq_y(\sigma q_t+2h_x)+$$

$$2fh_{xy}+2h_yf_x+2f_yh_x-4hh_yq_x=0, \tag{4.157}$$

$$2\sigma q_{xy}(h_x-fh)+\sigma q_{xx}(h_y-6H_x)+8\sigma hq_xq_y(h+\sigma q_x)-2\sigma Hq_{xxx}-16\sigma^2Hq_x^2+\sigma hq_{xxy}+2hh_{xy}+\sigma h_yq_t+2\sigma q_x(h_{xy}-hf_y-fh_y-3H_{xx})+\sigma q_y(h_{xx}-2fh_x-2hf_x+h_t)+\sigma hq_{yt}+2h_yh_x=0, \tag{4.158}$$

$$\sigma q_{xx}(6Hq_x-hq_y)-hq_{xy}(2\sigma q_x+h)+2\sigma q_xq_y(fh-h_x)+\sigma q_x^2(6H_x-h_y)-2h(h_yq_x+h_xq_y)-\sigma hq_yq_t=0, \tag{4.159}$$

$$\sigma^3hq_x^2q_y+\sigma^2h^2q_xq_y-2\sigma^3Hq_x^3=0, \tag{4.160}$$

$$Gq_x^2+gGq_x=0, \tag{4.161}$$

$$2gG_x-Gq_t+Gq_{xx}+2G_xq_x+2fGq_x=0, \tag{4.162}$$

$$G_{xx}-G_t+2gF_x-2gHq_x+2\sigma Gq_x^2+2fG_x+2hGq_x+2\sigma gGq_x=0, \tag{4.163}$$

$$Hq_t+2fF_x-F_t-2fHq_x+2hG_x-2H_xq_x+F_{xx}-Hq_{xx}+2\sigma fGq_x+2gH_x+2\sigma G_xq_x+\sigma Gq_{xx}-\sigma Gq_t=0, \tag{4.164}$$

$$-2\sigma gHq_x+H_{xx}+2hF_x+2\sigma Hq_x^2-2hHq_x+2\sigma hGq_x+2fH_x-H_t=0, \tag{4.165}$$

$$2hH_x-\sigma Hq_{xx}+\sigma Hq_t-2\sigma H_xq_x-2\sigma fHq_x=0, \tag{4.166}$$

$$\sigma Hq_x^2-hHq_x=0. \tag{4.167}$$

根据式(4.161)和(4.167),可得

$$g=-q_x,\ h=\sigma q_x. \tag{4.168}$$

将式(4.168)代入方程(4.152)和(4.160),我们可以得到

$$H=\sigma q_y,\ G=-q_y. \tag{4.169}$$

将式(4.168)和(4.169)插入式(4.166)，得到

$$f=-\frac{q_{xx}-q_t}{2q_x}. \tag{4.170}$$

将式(4.168),(4.169)和(4.170)代入方程(4.163)导出

$$F=\int-\frac{q_{xxy}q_x-q_xq_{yt}-q_{xx}q_{xy}+q_tq_{xy}}{2q_x^2}\mathrm{d}x. \tag{4.171}$$

用式(4.168)-(4.171)来简化剩余的方程,我们发现(4.153)-(4.155),(4.157)-(4.159),(4.162)和(4.165)是等同的,当式(4.156)和(4.164)写成

$$\begin{aligned}&-2q_tq_x^2q_{xxxy}+4q_xq_{yt}q_{xx}^2+4q_{xy}q_tq_xq_{xxx}-8q_{xy}q_{xx}q_xq_{xxx}-16\sigma q_{xy}q_{xx}q_x^4-\\&2q_{xt}q_{xx}q_xq_t+8q_{xy}q_{xx}q_xq_{xt}-4q_{xy}q_tq_xq_{xt}+8q_{xxy}q_{xx}q_xq_t+q_x^3(2q_{xxyt}-\\&q_{xxxxy}-q_{ytt})+9q_{xy}q_{xx}^3-2q_x^2q_{xy}q_{xxt}+3q_{xy}q_t^2q_{xx}-q_xq_{xxy}q_t^2-\\&16\sigma q_x^5q_{xxy}+q_x^2q_{xxxx}q_{xy}+4q_{xx}q_x^2q_{xxxy}-4q_{xx}q_x^2q_{xyt}+2q_tq_x^2q_{xyt}-\\&12q_tq_{xy}q_{xx}^2-9q_xq_{xxy}q_{xx}^2+4q_x^2q_{xxy}q_{xxx}-4q_x^2q_{xxy}q_{xt}+q_x^2q_{xy}q_{tt}+\\&2q_x^2q_{yt}q_{xt}-2q_x^2q_{yt}q_{xxx}=0,\end{aligned} \tag{4.172}$$

和

$$\begin{aligned}&2q_tq_{xxy}q_x-q_tq_{yt}q_x+q_{xy}q_t^2-4q_tq_{xy}q_{xx}-3q_{xx}q_{xxy}q_x+2q_{xx}q_{yt}q_x+\\&3q_{xy}q_{xx}^2+\int\frac{1}{q_x^3}(-q_{xxyt}q_x^2+q_{xxy}q_{xt}q_x+q_{ytt}q_x^2-q_{yt}q_{xt}q_x-q_{xyt}q_tq_x-\\&q_{xy}q_{xy}q_{tt}q_x+q_{xyt}q_{xx}q_x+q_{xy}q_{xxt}q_x+2q_{xt}q_{xy}q_t-2q_{xt}q_{xy}q_{xx})\mathrm{d}xq_x^3+\\&q_{xxxy}q_x^2-q_{xyt}q_x^2+q_xq_{xy}q_{xt}-q_xq_{xy}q_{xxx}+16\sigma q_{xy}q_x^4=0.\end{aligned} \tag{4.173}$$

将式(4.168)-(4.171)以及方程(4.172)和(4.173)的解代入方程(4.151)，我们可以得到方程(4.150)的精确解.

显然，很难得出方程(4.172)和(4.173)一般解. 幸运的是，在这个例子中，一种特解可表示为

$$q=\chi(x,t)+\varphi(y), \tag{4.174}$$

其中 $\chi\equiv\chi(x,t)$，$\varphi\equiv\varphi(y)$ 是关于(x,t)和 y 的任意变量分离函数.

最后，根据 Riccati 方程的解，

$$\phi=\begin{cases}-\sqrt{-\sigma}\tanh(\sqrt{-\sigma}q),\ \sigma<0,\\ -\sqrt{-\sigma}\coth(\sqrt{-\sigma}q),\ \sigma<0,\\ \sqrt{\sigma}\tan(\sqrt{\sigma}q),\ \sigma>0,\\ -\sqrt{\sigma}\cot(\sqrt{\sigma}q),\ \sigma>0,\\ \dfrac{-1}{q},\ \sigma=0,\end{cases} \tag{4.175}$$

可以得到方程(4.150)的解.

情形一　当 $\sigma<0$，我们可以得到方程(4.150)的下列孤波解(4.150)

$$u_1=-\frac{2\sigma\chi_x^2\tanh^2(\sqrt{-\sigma}(\chi+\varphi))+\sqrt{-\sigma}\tanh(\sqrt{-\sigma}(\chi+\varphi))(\chi_{xx}-\chi_t)+2\sigma\chi_x^2}{2\chi_x\sqrt{-\sigma}\tanh(\sqrt{-\sigma}(\chi+\varphi))}, \tag{4.176}$$

$$v_1=-\frac{\sigma\varphi_y[\tanh^2(\sqrt{-\sigma}(\chi+\varphi))+1]}{\sqrt{-\sigma}\tanh(\sqrt{-\sigma}(\chi+\varphi))}, \tag{4.177}$$

$$u_2=-\frac{2\sigma\chi_x^2\coth^2(\sqrt{-\sigma}(\chi+\varphi))+\sqrt{-\sigma}\coth(\sqrt{-\sigma}(\chi+\varphi))(\chi_{xx}-\chi_t)+2\sigma\chi_x^2}{2\chi_x\sqrt{-\sigma}\coth(\sqrt{-\sigma}(\chi+\varphi))}, \tag{4.178}$$

$$v_2=-\frac{\sigma\varphi_y[\coth^2(\sqrt{-\sigma}(\chi+\varphi))+1]}{\sqrt{-\sigma}\coth(\sqrt{-\sigma}(\chi+\varphi))}, \tag{4.179}$$

包含两个任意函数 $\chi(x, t)$和 $\varphi(y)$.

情形二　当 $\sigma > 0$，我们可以得到方程(4.150)的下列周期波解

$$u_3 = -\frac{2\sqrt{\sigma}\chi_x^2\tan^2(\sqrt{\sigma}(\chi+\varphi)) + \tan(\sqrt{\sigma}(\chi+\varphi))(\chi_{xx}-\chi_t) - 2\sqrt{\sigma}\chi_x^2}{2\chi_x\tan(\sqrt{\sigma}(\chi+\varphi))}, \tag{4.180}$$

$$v_3 = -\frac{\sqrt{\sigma}\varphi_y[\tan^2(\sqrt{\sigma}(\chi+\varphi)) - 1]}{\tan(\sqrt{\sigma}(\chi+\varphi))}, \tag{4.181}$$

$$u_4 = \frac{2\sqrt{\sigma}\chi_x^2\cot^2(\sqrt{\sigma}(\chi+\varphi)) + \cot(\sqrt{\sigma}(\chi+\varphi))(\chi_t-\chi_{xx}) - 2\sqrt{\sigma}\chi_x^2}{2\chi_x\tan(\sqrt{\sigma}(\chi+\varphi))}, \tag{4.182}$$

$$v_4 = \frac{\sqrt{\sigma}\varphi_y[\cot^2(\sqrt{\sigma}(\chi+\varphi)) - 1]}{\cot(\sqrt{\sigma}(\chi+\varphi))}, \tag{4.183}$$

包含两个任意函数 $\chi(x, t)$和 $\varphi(y)$.

情形三　当 $\sigma = 0$，我们可以得到方程(4.150)的下列变量分离解

$$u_5 = -\frac{\chi_{xx}(\chi+\varphi) - \chi_t(\chi+\varphi) - 2\chi_x^2}{2\chi_x(\chi+\varphi)}, \tag{4.184}$$

$$v_5 = \frac{\varphi_y}{\chi+\varphi}, \tag{4.185}$$

包含两个任意函数 $\chi(x, t)$和 $\varphi(y)$.

有趣的是，若讨论它们相应的势函数，如 u_{1y}和 v_{1x}时，会发现其拥有相同的势函数. 根据式(4.176)和(4.177)导出

$$U \equiv u_{1y} = v_{1x} = \frac{\sigma\chi_x\varphi_y[\tanh^2(\sqrt{-\sigma}(\chi+\varphi)) - 1]^2}{\tanh^2(\sqrt{-\sigma}(\chi+\varphi))}, \ (\sigma < 0). \tag{4.186}$$

此外，比较BLP系统的势函数U(4.186)和GBK系统的解G_1(4.136)，会令人惊异地发现它们具有相似的形式解：$G_1 = 2U$.

4.4.3　基于对称延拓映射的(2+1)维BKK系统的局域解

我们进一步考虑下面的(2+1)维Broer-Kaup-Kupershmidt(BKK)系统[175]

$$H_{ty} - H_{xxy} + 2(HH_x)_y + 2G_{xx} = 0,$$

$$G_t + 2(GH)_x + G_{xx} = 0. \tag{4.187}$$

首先，对式(4.187)进行变换令$G = H_y$，然后代入方程(4.187)导出

$$H_{yt} + 2(H_x H)_y + H_{xxy} = 0. \tag{4.188}$$

对方程(4.188)应用扩展映射法. 通过平衡步骤，设解(4.106)可得

$$H = f + g\phi(q) + h\phi^{-1}, \tag{4.189}$$

其中f，g，h和q是关于$\{x, y, t\}$的任意待定函数. 将式(4.189)和Riccati方程$\phi' = \sigma + \phi^2$代入方程(4.188)合并ϕ的同次幂，令各ϕ同次幂前的系数为零，得到

$$6gq_yq_x(q_x + g) = 0, \tag{4.190}$$

$$4q_yq_x(g + fg + g_x) + 2q_{xy}(2q_x + g^2) + q_y(4g_xg + 2gq_{xx} + 2gq_t) + 2g_yq_x^2 = 0, \tag{4.191}$$

$$8q_yq_xg\sigma(g + q_x) + 2q_{xy}(fg + g + g_x) + q_y(2fg_x + g_t + g_{xx} + 2f_xg) + q_x(2g_{xy} + 2gf_y + 2fg_y) + gq_{yt} + 2g_xg_y + gq_{xxy} + g_y(q_t + q_{xx}) = 0, \tag{4.192}$$

$$2g\sigma q_{xy}(2q + g) + 4\sigma q_xq_y(fg + g + g_x) + 2gq_y\sigma(q_t + 2q_x + q_{xx}) +$$

$$g_{yt}+g_{xxy}+2g_yq_x^2\sigma+2f_xg_y+2gf_{xy}+2g_xf_y+2fg_{xy}=0, \tag{4.193}$$

$$4hq_yq_x\sigma(f+1)+2hq_{xy}(2q_x\sigma-h)+2hq_y\sigma(q_t+q_{xx})+ 2q_xh_y(q_x\sigma-2h)+2f_xh_y+h_{2xy}-4hh_xq_y+h_{yt}+2hf_{xy}+ 2h_xf_y+2fh_{xy}=0, \tag{4.194}$$

$$q_{xy}\sigma(-h-2fh-2h_x)+8q_xq_y\sigma(h^2-q_x\sigma)-q_y\sigma(2f_xh+ 2fh_x+h_t+h_{xx})-q_x\sigma(2hf_y+2h_{xy}+2fh_y)-h\sigma q_{yt}- h_yq_{2x}\sigma+2hh_{xy}+2h_xh_y-h_yq_t\sigma=0, \tag{4.195}$$

$$2hq_y\sigma^2(2fq_x+q_{2x})+4h_xq_y\sigma(q_x\sigma-h)+2q_yhq_t\sigma^2+2hq_x^2\sigma^2+ q_{xy}(4hq_x\sigma^2-2h^2\sigma)+2h_yq_x^2\sigma^2-4hq_xh_y\sigma=0, \tag{4.196}$$

$$6hq_xq_y\sigma^2(h-q_x\sigma)=0, \tag{4.197}$$

$$2h_{xy}(g-2g_x)+2g_{xy}(h-2g_x\sigma)+q_{xxy}(g\sigma-h)+q_{xx}(g_y\sigma-h_y)+ q_{yt}(g\sigma-h)+q_x(2fg_y\sigma+2gf_y\sigma-2hf_y-2fh_y)+q_{xy}(2fg\sigma- 2h_x-2fh+2g_x\sigma)+g_y(q_t\sigma+2h_x)+h_y(2g_x-q_t)+q_y(2gq_x^2\sigma^2- 2hq_x^2\sigma-2fh_x+2g^2q_x\sigma^2+g_{xx}\sigma+g_t\sigma+2fg_x\sigma)+2f_xf_y+f_{yt}+ f_{xxy}+2ff_{xy}+2h^2q_x+2f_xg\sigma-h_t-2f_xh-h_{xx}=0. \tag{4.198}$$

根据式(4.190)和(4.198)，有

$$g=-q_x,\ h=q_x\sigma. \tag{4.199}$$

用式(4.199)来化简方程(4.191)-(4.196)，(4.198)得到

$$f=-\frac{q_{xx}+q_t}{2q_x}, \tag{4.200}$$

和

$$(12q_{xx}^2q_t - 4q_xq_{xxx}w_t - 8q_xq_{xx}q_{xxx} - 4q_tq_xq_{xt} + q_x^2q_{tt} - 8q_{xx}q_xq_{xt} + 2q_x^2q_{xxt} + 3q_{xx}q_t^2 + 9q_{xx}^3 - 16\sigma q_{xx}q_x^4 + q_x^2q_{xxxx})q_{xy} + (2q_x^2q_{xxx} - 4q_xq_{xx}^2 - 2q_tq_xq_{xx} + 4q_x^2q_{xxy} + 2q_x^2q_{xxx} - 2q_tq_xq_{xx} + 2q_x^2q_{xt})q_{yt} + (2q_x^2q_t + 4q_x^2q_{xx})q_{xyt} - (9q_xq_{xx}^2 + q_xq_t^2 - 4q_x^2q_{xxx} + 4q_x^2q_{xt} + 16q_x^5\sigma + 8q_xq_tq_{xx})q_{xxy} + (2q_tq_x^2 + 4q_{xx}q_x^2)q_{xxxy} - q_x^3(q_{xxxxy} + 2q_{xxyt} + q_{ytt}) = 0. \tag{4.201}$$

将式(4.199),(4.200)和方程(4.201)的解代入方程(4.189),我们可以得到方程(4.188)的解.

显然,很难求得方程(4.201)的一般解. 幸运的是,在这个特殊的情形中,一种特解可以表示为

$$q = \chi(x, t) + \varphi(y), \tag{4.202}$$

其中 $\chi \equiv \chi(x, t)$,$\varphi \equiv \varphi(y)$ 是关于 x, t 和 y 的两个任意变量分离解,根据 Riccati 方程的解 $\phi' = \sigma + \phi^2$, 可以得到方程(4.187)的精确解.

情形一　当 $\sigma < 0$ 时,可以到系统(4.187)下列孤波解

$$H_1 = -\frac{\chi_{xx} + \chi_t}{2\chi_x} + \sqrt{-\sigma}\chi_x \tanh(\sqrt{-\sigma}(\chi + \varphi)) - \frac{\sigma\chi_x}{\sqrt{-\sigma}\tanh(\sqrt{-\sigma}(\chi + \varphi))}, \tag{4.203}$$

$$G_1 = \frac{[\tanh^2(\sqrt{-\sigma}(\chi + \varphi)) - 1]^2\sigma\chi_x\varphi_y}{\tanh^2(\sqrt{-\sigma}(\chi + \varphi))}, \tag{4.204}$$

$$H_2 = -\frac{\chi_{xx} + \chi_t}{2\chi_x} + \sqrt{-\sigma}\chi_x \coth(\sqrt{-\sigma}(\chi + \varphi)) - \frac{\sigma\chi_x}{\sqrt{-\sigma}\coth(\sqrt{-\sigma}(\chi + \varphi))}, \tag{4.205}$$

$$G_2=\frac{[\coth^2(\sqrt{-\sigma}(\chi+\varphi))-1]^2\sigma\chi_x\varphi_y}{\coth^2(\sqrt{-\sigma}(\chi+\varphi))},\tag{4.206}$$

其中包含两个任意函数 $\chi(x, t)$和 $\varphi(y)$.

情形二　当 $\sigma>0$ 时,可以得到系统(4.187)的下列周期波解

$$H_3=-\frac{\chi_{xx}+\chi_t}{2\chi_x}-\sqrt{\sigma}\chi_x\tan(\sqrt{\sigma}(\chi+\varphi))+\frac{\sigma\chi_x}{\sqrt{\sigma}\tan(\sqrt{\sigma}(\chi+\varphi))},\tag{4.207}$$

$$G_3=-\frac{[\tan^2(\sqrt{\sigma}(\chi+\varphi))+1]^2\sigma\chi_x\varphi_y}{\tan^2(\sqrt{\sigma}(\chi+\varphi))},\tag{4.208}$$

$$H_4=-\frac{\chi_{xx}+\chi_t}{2\chi_x}+\sqrt{\sigma}\chi_x\cot(\sqrt{\sigma}(\chi+\varphi))-\frac{\sigma\chi_x}{\sqrt{\sigma}\cot(\sqrt{\sigma}(\chi+\varphi))},\tag{4.209}$$

$$G_4=-\frac{[\cot^2(\sqrt{\sigma}(\chi+\varphi))+1]^2\sigma\chi_x\varphi_y}{\cot^2(\sqrt{\sigma}(\chi+\varphi))},\tag{4.210}$$

式中包含两个任意函数 $\chi(x, t)$和 $\varphi(y)$.

情形三　当 $\sigma=0$ 时,可以得到系统(4.187)的下列变量分离解

$$H_5=-\frac{\chi_{xx}+\chi_t}{2\chi_x}+\frac{\chi_x}{\chi+\varphi},\tag{4.211}$$

$$G_5=-\frac{\chi_x\varphi_y}{(\chi+\varphi)^2},\tag{4.212}$$

式中包含两个任意函数 $\chi(x, t)$和 $\varphi(y)$.

4.4.4　基于对称延拓映射的(2+1)维色散长波系统的局域解

对于(2+1)维色散长水波系统

$$v_t + (uv)_x + u_{xxy} = 0,\ u_{ty} + v_{xx} + u_x u_y + u u_{xy} = 0, \tag{4.213}$$

采用上述对称延拓映射的类似分析方法,可以得到如下形式的新映射解.

情形一　当 $\sigma < 0$ 时,可以到系统(4.213)的孤波解

$$u_1 = -\frac{\chi_{xx} + \chi_t}{\chi_x} + 2\sqrt{-\sigma}\chi_x \tanh(\sqrt{-\sigma}(\chi + \varphi)) - \frac{2\sigma\chi_x}{\sqrt{-\sigma}\tanh(\sqrt{-\sigma}(\chi + \varphi))}, \tag{4.214}$$

$$v_1 = \frac{2\sigma[\tanh^2(\sqrt{-\sigma}(\chi + \varphi)) - 1]^2 \chi_x \varphi_y}{\tanh^2(\sqrt{-\sigma}(\chi + \varphi))}, \tag{4.215}$$

$$u_2 = -\frac{\chi_{xx} + \chi_t}{\chi_x} + 2\sqrt{-\sigma}\chi_x \coth(\sqrt{-\sigma}(\chi + \varphi)) - \frac{2\sigma\chi_x}{\sqrt{-\sigma}\coth(\sqrt{-\sigma}(\chi + \varphi))}, \tag{4.216}$$

$$v_2 = \frac{2\sigma[\coth^2(\sqrt{-\sigma}(\chi + \varphi)) - 1]^2 \chi_x \varphi_y}{\coth^2(\sqrt{-\sigma}(\chi + \varphi))}, \tag{4.217}$$

其中 $\chi(x, t)$ 和 $\varphi(y)$ 为所示变量的任意函数.

情形二　当 $\sigma > 0$ 时,可以得到系统(4.213)的周期波解

$$u_3 = -\frac{\chi_{xx} + \chi_t}{\chi_x} - 2\sqrt{\sigma}\chi_x \tan(\sqrt{\sigma}(\chi + \varphi)) + \frac{2\sigma\chi_x}{\sqrt{\sigma}\tan(\sqrt{\sigma}(\chi + \varphi))}, \tag{4.218}$$

$$v_3 = -\frac{2\sigma[\tan^2(\sqrt{\sigma}(\chi + \varphi)) + 1]^2 \chi_x \varphi_y}{\tan^2(\sqrt{\sigma}(\chi + \varphi))}, \tag{4.219}$$

$$u_4 = -\frac{\chi_{xx} + \chi_t}{\chi_x} + 2\sqrt{\sigma}\chi_x \cot(\sqrt{\sigma}(\chi + \varphi)) - \frac{2\sigma\chi_x}{\sqrt{\sigma}\cot(\sqrt{\sigma}(\chi + \varphi))}, \tag{4.220}$$

$$v_4 = -\frac{2\sigma[\cot^2(\sqrt{\sigma}(\chi + \varphi)) + 1]^2 \chi_x \varphi_y}{\cot^2(\sqrt{\sigma}(\chi + \varphi))}, \tag{4.221}$$

式中 $\chi(x, t)$ 和 $\varphi(y)$ 为所示变量的任意函数.

情形三　当 $\sigma = 0$ 时，可以得到系统(4.213)的变量分离解

$$u_5 = -\frac{\chi_{xx} + \chi_t}{\chi_x} + \frac{2\chi_x}{\chi + \varphi}, \tag{4.222}$$

$$v_5 = -\frac{2\chi_x \varphi_y}{(\chi + \varphi)^2}, \tag{4.223}$$

其中 $\chi(x, t)$ 和 $\varphi(y)$ 为所示变量的任意函数.

4.5　本章小结

本章先利用 CK 直接约化思想和形变映射理论，提出了一种广义映射方法. 从本质上说，这种方法是一种基于 CK 直接约化的形变映射理论. 一个明显的优点是它弥补了第三章中讨论的基于行波约化映射法只能寻求行波的不足. 在本章的第二节和第三节，我们将这种方法成功地应用于若干(2+1)维非线性系统，如色散长波系统、BKK 系统、BLP 系统以及 GBK 系统等. 在本章的第四节中，我们进一步将上述所谓的“广义映射方法”作对称延拓，然后成功地运用到色散长波系统、BKK 系统、BLP 系统以及 GBK 系统中，求得了这些非线性系统新型的映射解.

从所得的结果分析，可以发现一些有趣的东西. 第一，所得的广义映射解中均具有任意函数，如：$\chi(x, t)$ 和 $\varphi(y)$ 或 $\varphi(y, t)$. 第二，所得的广义映射解在形式上非常相似，均有三种类型的形式解，如：孤波解、周期波解和分离变量解. 第三，这些系统的物理场量或与之对应的势函数，存在极为类似的通式.

这些结论启示我们，运用广义映射理论研究非线性系统，可能有与第二章的多线性分离变量理论殊途同归的作用. 在第五章中，我们将进一步研究由上述(2+1)维非线性系统映射解引起的局域激发模式及其相关动力学行为.

当然，这种广义映射方法还只是雏形，有待于进一步完善. 首先，如何将广义映射法进一步推广到更多的高维非线性系统呢？因为到目前为止，我们还只是成功地运用到很少的一部分的(2+1)维系统[167-175]. 第二，从本文第三章的讨论知道，基于行波约化的形变映射法，除了 Riccati 方程映射外，还有若干非常有效的映射方程，如 NKG 方程和一般椭圆方程等. 所以，如何用 NKG 方程和一般椭圆方程作为映射方程来研究非线性系统的广义映射解也是一个有趣且重要的课题. 从理论上分析，这完全是可行的. 但是，从我们的研究结果分析来看，其工作量非常大. 这方面工作，目前我们还在研究之中，寄望能得到一些有意义的结果.

第五章　基于(2+1)维映射解的局域激发及其分形和混沌行为

在第二章中，用多线性分离变量法研究了若干非线性系统，如GBK系统，GNNV系统，GAKNS系统，BLP系统，GNLS系统和新色散长波系统等，分别得到了它们的分离变量解. 这些分离变量解拥有若干共性：第一，这些解中均含有任意函数；第二，这些系统中的若干物理场量或其势函数具有相似的表达式，如：比较一下GBK系统的解(2.60)式、GNNV系统的解(2.85)式、GAKNS系统的解(2.32)式、BLP系统的解(2.110)式、GNLS系统的解(2.136)式及新色散长波系统的解(2.167)式，有一通式存在于这些非线性系统中，即

$$V=\frac{\kappa(a_3a_0-a_2a_1)p_xq_y}{(a_0+a_1p+a_2q+a_3pq)^2},$$

式中$\kappa=\pm1$或$\kappa=\pm2$，$p(x,t)\equiv p$为所示变量的任意函数，$q(y,t)\equiv q$可能为Riccati方程解或为所示变量的任意函数. 物理场量或势V式中函数p和q的任意性意味着V存在着丰富的局域激发模式及其相关的非线性动力学行为.

而在第四章第二和第三节中，我们用映射理论研究了若干非线性系统，如BBK系统、BLP系统、GBK系统及色散长波系统，也得到它们的具有若干任意函数的映射解，同样地，这些系统中的若干物理场量或其势函数也具有相似的表达式：如

$$v=-2\sigma\chi_x\varphi_y+2\sigma\chi_x\varphi_y\tanh^2(\sqrt{-\sigma}(\chi+\varphi)),\tag{5.1}$$

式中$\chi(x,t)$为(x,t)任意函数，φ可能为y或(y,t)的任意函数. 基

于第二章的研究，我们可以作出一个合理的推论：上述物理场量或势函数 v(5.1)式中 χ 和 φ 的任意性，同样意味着 v 存在着丰富的局域激发模式及其相关的非线性动力学行为. 如果解中(5.1)中的函数 $\chi(x,\ t)$或 $\varphi(y,\ t)$取为周期解如 Jacobian 椭圆函数或混沌系统的数值解时，则现在讨论局域解 v(5.1)会呈现周期性特征的或随机行为. 最近的若干研究结果表明，上述推论是完全正确的.

另外，在第四章第四节中，我们通过映射法的对称延拓导出了上述非线性系统的若干物理场量或其势函数的另一组广义映射解

$$G=2\sigma\chi_x\varphi_y\coth^2[\sqrt{-\sigma}(\chi+\varphi)]\times\mathrm{sech}^4[\sqrt{-\sigma}(\chi+\varphi)]. \tag{5.2}$$

表达式(5.2)也可以视为一个通式，因为它同样适用于 BKK 系统、BLP 系统、色散长波系统等. 解中函数 χ 和 φ 的任意性同样意味着物理场量或势函数 G 存在着丰富的局域激发模式及其相关的非线性动力学行为. 为了证实我们上述观点，下面我们先根据物理量 v(5.1) 的表达式讨论一些局域激发模式，然后研究 G(5.2)式的相关性质.

5.1 基于映射解的(2+1)维局域激发

5.1.1 不传播孤子和传播孤子

在这一小节里，我们讨论解(5.1)的传播孤子和不传播孤子. 类似于第二章关于多线性分离变量解的讨论方法，基于解(5.1)式中函数 $\chi(x,\ t)$和 $\varphi(y)$的任意性，物理场量或势 v(5.1)可能同样地存在丰富的局域相干孤子激发，而且这些孤子可能具有传播性质也可能不具有传播特性. 如选取：$\chi(x,\ t)=\alpha(kx+ct)$，$\varphi(y)=\beta(y)$，式中 α 和 β 为所变量的任意函数，则 v(5.1)拥有丰富的传播孤子. 显然，一种最简单的传播孤子是为：$\chi(x,\ t)=kx+ct$ 和 $\varphi(y)=ly$，这里 k，l 和 c 为任意常数. 与此同时，根据解(5.1)式还可以得到丰富的不传

播孤子，正如吴君汝等人在 1984 年报导的水波实验中发现的不传播孤子[33]. 如果选取解(5.1)中 $\chi(x, t) = \varsigma(x) + \tau(t)$ 及 $\varphi(y) = \beta(y)$，其中的ς，τ 和 β 为所示变量的任意函数，则我们可以得到丰富的不传播孤子，如：多 dromions，多 rings，多 peakons，多 compactons 局域激发模式. 而且，如果选取 $\tau(t)$ 为周期解、准周期解或混沌解时，则可得到具有周期性、准周期性特征，或具有混沌行为的不传播孤子. 由于对传播孤子的研究报导比较多，下面我们重点只讨论部分不传播孤子[167]-[170]. 关于不传播孤子和传播孤子更详细报导可参阅文献[167]-[175].

5.1.1.1　不传播 dromions 和 dromion 格点局域解

根据解 v(5.1)并设 $\sigma = -1$，我们先讨论一种在各方向以指数形式局域的点状孤子. 当取解 v(5.1)式中函数 χ 和 φ 为

$$\chi = 0.1\tanh(x) + 0.15\tanh(x) + \sin(t),\ \varphi = 0.1\tanh(y), \tag{5.3}$$

则可以得到如 5.1 左图所示的不传播的双 Dromions 结构. 其波幅演化图如 5.1 右图所示.

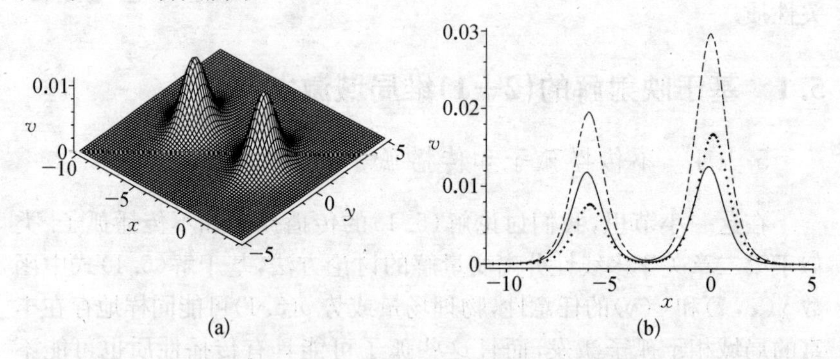

图 5.1　(a)图，v(5.1)的不传播的 2-dromions 结构，参量选取为(5.3)，时间 $t=0$. (b)图，与左图相关的 2-dromions 在不同时间 $t=-3$，$t=0$，$t=3$，在$y=0$处的演化图. (a) A two-dromion plot of the solution v expressed by Eq. (5.1) under the condition (5.3) at time $t=0$. (b) The corresponding evolutional plot related to (a) at $y=0$ and at times $t=-3$, $t=0$, $t=3$

注释　在本小节的下述图中,我们用不同的曲线表示不同的情形:点状线表示演化初始状态,实线表示演化结束状态,而破折线表示演化的中间状态.

类似地,如果取

$$\chi=\sum_{m=-M}^{M}0.1\tanh(x+4m)+\sin(t), \tag{5.4}$$

$$\varphi=\sum_{n=-N}^{N}0.1\tanh(y+4n),\ M=N=3, \tag{5.5}$$

则可以得到 v 的不传播的 7×7"dromions"晶格结构,如图 5.2 所示.

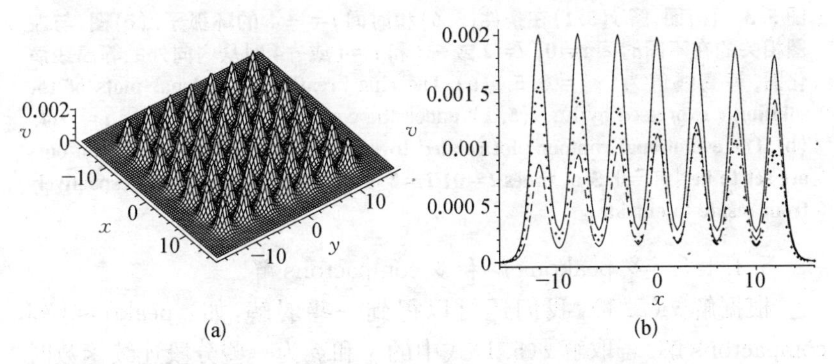

图 5.2　(a)图,v(5.1)的不传播的 7×7"dromions"晶格结构,参量选取为(5.5),时间 $t=0$. (b)图,7×7"dromions"晶格在不同时间 $t=-3$, $t=0$, $t=3$,在 $y=0$ 处的演化图. (a) A dromion-lattice plot of the solution v expressed by Eq. (5.1) the conditions (5.4) and (5.5) at time $t=0$. (b) The corresponding evolutional plot related to (a) at $y=0$ and at times $t=-3$, $t=0$ and $t=3$

5.1.1.2　不传播环孤子和呼吸子解

在高维可积系统中,除了点状局域外,还有其他重要类型的孤子,如环孤子. 根据解 v(5.1) ($\sigma=-1$),如考虑参量函数取为 χ 和 φ 为

$$\chi=-x^2+t^2,\ \varphi=-y^2, \tag{5.6}$$

则物理量 v 拥有环孤子解. 这种环孤子的中心位置是不传播的,是一

种静态的呼吸子，如图 5.3 所示.

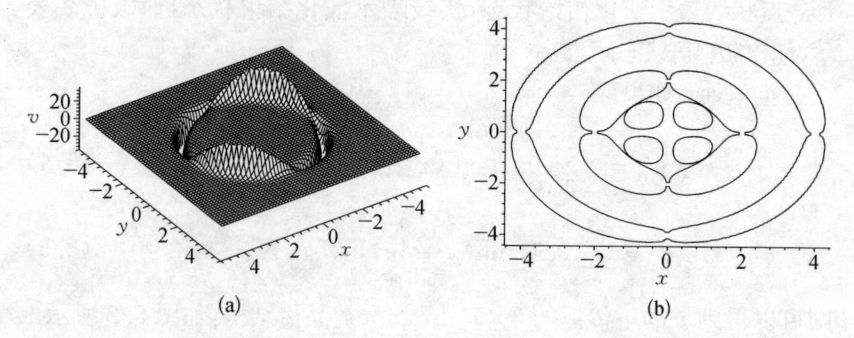

图 5.3　(a)图，解 v(5.1)在条件(5.6)和时间 $t=-4$ 的环孤子.(b)图，与左图相关的在不同时间 $t=0$，$t=2$ 或 -2 和 $t=4$ 或 -4 时从内向外的等高线演化图，等高线值为 $|v|=0.5$.（a）The ring breather evolutional plots of the solution v expressed by Eq.（5.1）under the condition（5.6）at time $t=-4$.（b）The evolutional contour plot related to（a）; and the values of the contours are set to be $|v|=0.5$ at times $t=0$，$t=2$ or -2 and $t=4$ or -4 respectively from inside to outside

5.1.1.3　多 peakons 解和多 compactons 解

根据解 v(5.1)，我们还可以得到一些弱解，如：peakons 解和 compactons 解. 若取解 v(5.1)式中的 χ 和 φ 为一些分段连续函数时，我们就可以得到多 Peakons 解. 如

$$\chi=\sin(t)+\sum_{i=1}^{M}\begin{cases}X_i(x),\ x\leqslant 0,\\-X_i(-x)+2X_i(0),\ x>0,\end{cases}\tag{5.7}$$

$$\varphi=1+\sum_{i=1}^{N}\begin{cases}Y_i(y),\ y\leqslant 0,\\-Y_i(-y)+2Y_i(0),\ y>0,\end{cases}\tag{5.8}$$

式中 $X_i(x)$ 和 $Y_i(y)$ 为所示变量的可微函数，且满足边界条件：$X_i(\pm\infty)=C_{\pm i}$，$(i=1,2,\cdots,M)$，$Y_i(\pm\infty)=D_{\pm i}$，$(i=1,2,\cdots,N)$，其中 $C_{\pm i}$ 和 $\mathrm{d}D_{\pm i}$ 为常数或趋于∞. 例如，当取

$$X_1=0.1\exp(x+5),\ X_1=0.3\exp(x),\ X_3=0.1\exp(x-5),\tag{5.9}$$

$$Y_1 = 0.1\exp(y+1),\ M = 3,\ N = 1, \tag{5.10}$$

则可以得到 v(5.1)的 3-peakons 解,如图 5.4 所示.

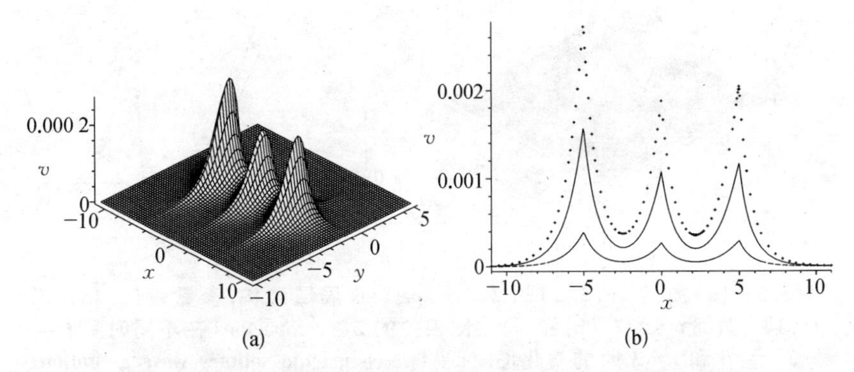

图 5.4 (a)图,解 v(5.1)的 3-peakons 结构.(b)图,与左图相对应的 $y=-2$ 处剖面演化图,时间分别为 $t=-3$,$t=0$ 和 $t=3$. (a) A three-peakon soliton structure of the solution v expressed by (5.1) under the conditions (5.9) and (5.10) at time $t=0$. (b) The corresponding evolutional plot related to (a) at $y=-2$ and at times $t=-3$, $t=0$ and $t=3$

类似地,如果将解 v(5.1)中函数 χ 和 φ 确定为另一类分段连续函数,则可以得到多 compactons 局域解. 如:

$$\chi = \sin(t) + \sum_{i=1}^{M}\begin{cases}0,\ x \leqslant x_{1i},\\ H_i(x) - H_i(x_{1i}),\ x_{1i} < x \leqslant x_{2i},\\ H_i(x_{2i}) - H_i(x_{1i}),\ x > x_{2i},\end{cases} \tag{5.11}$$

and

$$\varphi = 1 + \sum_{j=1}^{N}\begin{cases}0,\ y \leqslant y_{1j},\\ G_j(y) - G_j(y_{1j}),\ y_{1j} < y \leqslant y_{2j},\\ G_j(y_{2j}) - G_j(y_{1j}),\ y > y_{2j},\end{cases} \tag{5.12}$$

式中 H_i 和 G_j 为所示变量的可微函数,且有 $H_{ix}\mid_{x=x_{1i}} = H_{ix}\mid_{x=x_{2i}} = 0$, $G_{jy}\mid_{y=y_{1j}} = G_{jy}\mid_{y=y_{2j}} = 0$. 一种紧致的局域孤波如图 5.5 所示,其相应的参数为

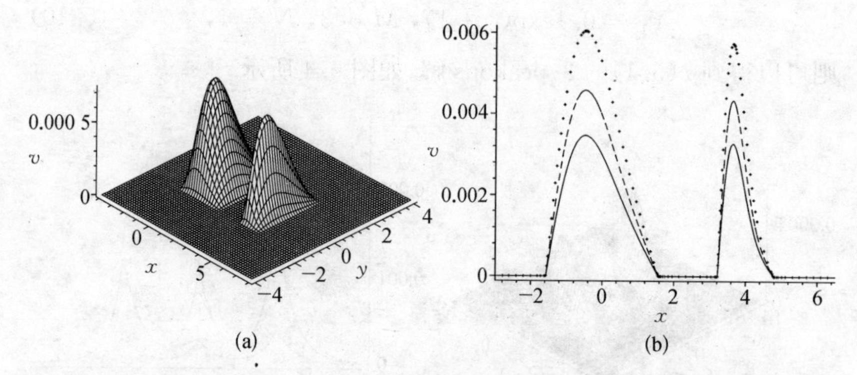

图 5.5 (a)图，解 v(5.1)的 2 - compactons 局域结构，参量为(5.13)和(5.14)，时间 $t=\pi/2$.(b)图，与左图相关的 2 - compactons 在不同时间 $t=-3$，$t=0$ 和 $t=3$ 时的演化图. (a) Two-compacton solitary wave excitation determined by solution (5.1) with function selections (5.13) and (5.14) at time $t=\pi/2$. (b)The corresponding evolution plot of the two-campacton excitation related to (a) at times $t=-3$, $t=0$ and $t=3$

$$\chi=\sin(t)+\sum_{i=1}^{M}\begin{cases}0,\ x\leqslant x_{0i}-\dfrac{\pi}{2k_i},\\ h_i\sin(k_i(x-x_{0i}))+h_i,\ x_{0i}-\dfrac{\pi}{2k_i}<x\leqslant x_{0i}+\dfrac{\pi}{2k_i},\\ 2h_i,\ x>x_{0i}+\dfrac{\pi}{2k_i},\end{cases} \tag{5.13}$$

$$\varphi=1+\sum_{j=1}^{N}\begin{cases}0,\ y\leqslant y_{0i}-\dfrac{\pi}{2l_j},\\ d_j\sin(l_j(y-y_{0j}))+d_j,\ y_{0j}-\dfrac{\pi}{2l_j}<y\leqslant y_{0j}+\dfrac{\pi}{2l_j},\\ 2d_j,\ y>y_{0j}+\dfrac{\pi}{2l_j},\end{cases} \tag{5.14}$$

且 $M=2N=2$，$h_1=d_1=0.3$，$h_2=0.6$，$k_2=2k_1=2l_1=2$，

$x_{01}=y_{01}=0$ 和 $x_{02}=4$.

自然地,在上述情形中,若用 $x+ct$ 代替变量 x,(因为解中函数 $\chi(x,t)$ 是一关于 $\{x,t\}$ 的任意函数),则上述所有的不传播孤子都变为传播孤子.一种中心位置运动的环孤子,如图 5.6 所示,其相应的参数在图下的文字说明中,其余类似的情形在此略去讨论.

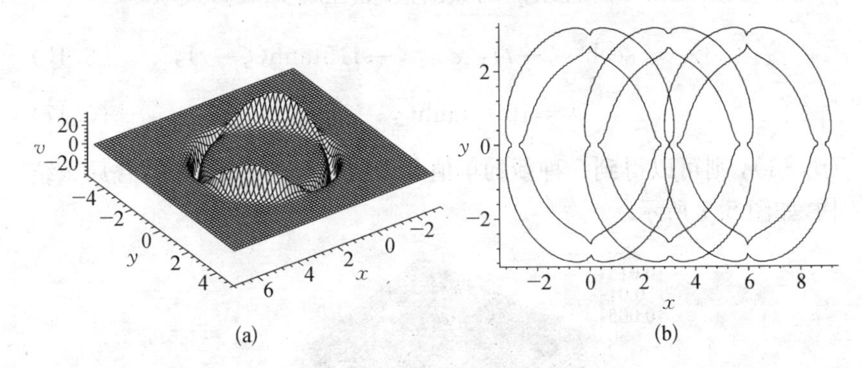

图 5.6 (a)图,解 v(5.1)的传播环孤子结构,其参量选为 $\chi=-(x-t)^2+4$, $\varphi=-y^2+4$,时间 $t=2$. (b)图,与左图相关的在不同时间 $t=0$, $t=3$ 和 $t=6$ 时的等高线演化图(从左向右运动),等高线值为 $|v|=0.5$. (a) A propagating ring structure of the solution v expressed by Eq. (5.1) under the condition $\chi=-(x-t)^2+4$, $\varphi=-y^2+4$ at time $t=2$. (b) The corresponding evolutional contour plot related to (a); and the value of the contour figure is set to be $|v|=0.5$ at times $t=0$, $t=3$, $t=6$ travelling from left to right

5.1.2 单值和多值复合的半折叠孤子

在这一小节里,我们将讨论解(5.1)式的一种新的单值和多值复合孤子:半折叠孤子[121,122,127,142].在自然界里,常会遇到一些相当复杂的局域结构,不能只用单值函数或只用多值函数来描述,如海浪,因为它可能在某一方向上以单值函数的形式局域,如在 x 方向,而在另一方向上又以多值函数的方式折叠.由于解(5.1)式中的 χ 和 φ 任意性,为这种现象的描述提供了可能性.如取 φ 为一些恰当的单值局域函数,而 χ 选取为多值函数,通过下式表示

$$\chi_x = \sum_{j=1}^{M} \kappa_j(\zeta + d_j t),\ x = \zeta + \sum_{j=1}^{M} \chi_j(\zeta + d_j t),\ \chi = \int^{\zeta} \chi_x x_\zeta \mathrm{d}\zeta, \tag{5.15}$$

其中 $d_j\{j = 1, 2, \cdots, M\}$ 为任意常数，κ_j，χ_j 为具有 $\kappa_j(\pm\infty) = 0$，$\chi_j(\pm\infty) = \text{constant}$ 性质的局域函数. 如在解 v(5.1)式取

$$\chi_x = \mathrm{sech}^2(\zeta - t),\ x = \zeta - 1.5\tanh(\zeta - t), \tag{5.16}$$

$$\varphi = 10 - \tanh(y - 2\beta t), \tag{5.17}$$

$(\beta = 1)$，则可以得到一种新的单值和多值复合的孤子-半折叠局域结构，如图 5.7 所示.

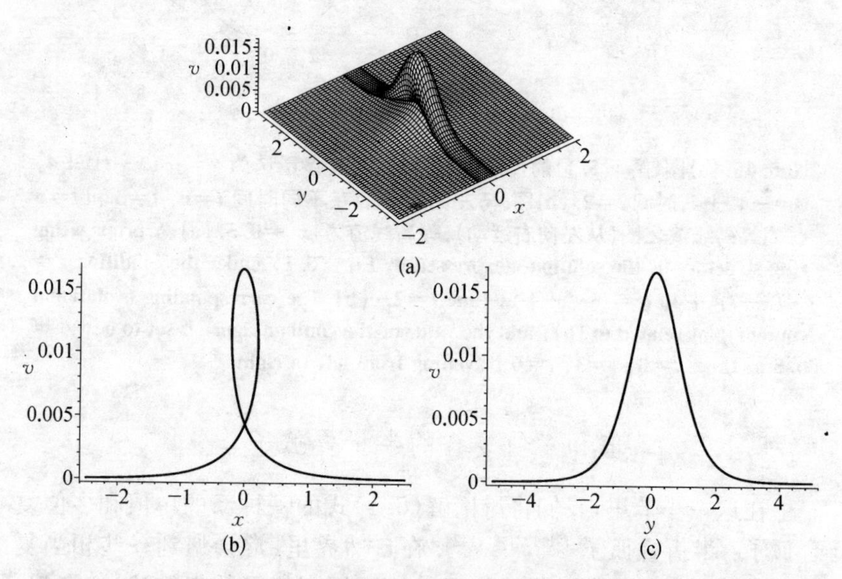

图 5.7 (a) 解(5.1)的一种单值和多值复合的孤子-半折叠孤子，选取参量为(5.16)和(5.17)，时间 $t=0$. (b) 与(a)图相关的在 $y=0$ 处的剖面图. (c) 与(a)图相关的在 $x=0$ 处的剖面图. (a) A semifolded localized structure, namely a bell-like loop soliton for the solution v expressed by (5.1) with conditions (5.16) and (5.17) at time $t=0$. (b) A sectional view related to (a) at $y=0$. (c) A sectional view related to (a) at $x=0$

从图 5.7 可以看出，这种半折叠局域结构具有新的性质，它在 x 方向上以多值函数的方式折叠，而 y 方向上以单值函数的形式局域，看起来像一个钟，所以我们也称之为钟状圈孤子.

现在我们来讨论这种半折叠孤子的演化性质. 为简化分析，我们先来研究一种最简单的情形：两个运动的圈孤子的相互作用. 若取解(5.1)式中的函数 χ 和 φ 为

$$\chi_x = \mathrm{sech}^2(\zeta) + 0.5\mathrm{sech}^2(\zeta - 0.5t),$$

$$x = \zeta - 1.5\tanh(\zeta) - 1.5\tanh(\zeta - 0.5t), \tag{5.18}$$

$$\varphi = 10 - \tanh(y - 2\beta t), \tag{5.19}$$

和 $\beta = 1$，那么我们可以得到两个具有相移的半折叠孤子，如图 5.8 所示.

从图 5.8 分析和理论计算知，这两个半折叠孤子的相互作用是完全弹性的，因为它们相互作用后，其振幅、波速和形状保持不变，只是作用后发生了相移. 仔细分析一下：这里较大的半折叠子的初速度已设定为 $\{V_{0x} = 0, V_{0y} = 2\}$，但是，作用后，它的位置仍从 $x = -1.5$ 移到 $x = 1.5$，然后在 $x = 1.5$ 处停止，保持原来的初速度 $\{V_x = V_{0x}, V_y = V_{0y}\}$ 沿着 y 轴的正方向运动. 作用后较小的半折叠子的最后速度 v_x 和 v_y 也完全保持它原来的初速度 $\{v_x = v_{0x} = 0.5, v_y = v_{0y} = 2\}$.

不过，若另有新的半折叠孤子，其初速度为 $\{\tilde{v}_{0x} = -0.5, \tilde{v}_{0y} = 2\}$ 参与它们的相互作用，则发现上述发生的相关相移会相互抵消，作用结束后不会发生相移. 若取解(5.1)式中的函数 χ 和 φ 为

$$\chi_x = \mathrm{sech}^2(\zeta) + 0.5\mathrm{sech}^2(\zeta - 0.5t) + 0.8\mathrm{sech}^2(\zeta + 0.5t),$$

$$x = \zeta - 1.5\tanh(\zeta) - 1.5\tanh(\zeta - 0.5t) - 1.5\tanh(\zeta + 0.5t), \tag{5.20}$$

$$\varphi = 10 - \tanh(y - 2\beta t), \tag{5.21}$$

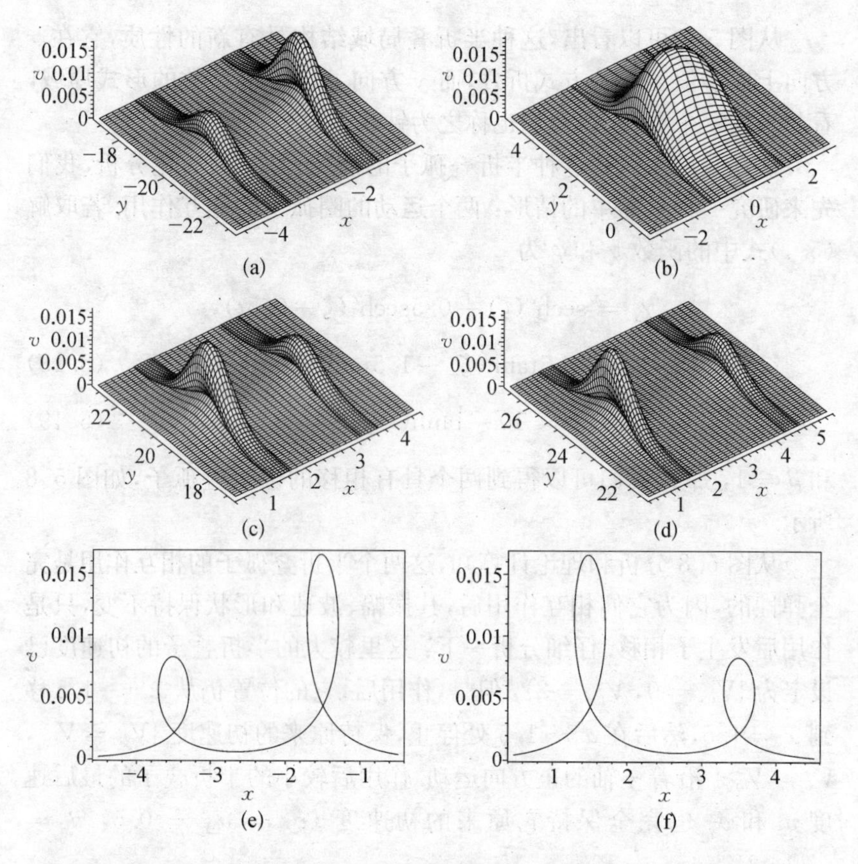

图 5.8　解 v(5.1)的两个具有相移的半折叠孤子,选取参量(5.18)和(5.19)在不同时间:(a) $t=-10$,(b) $t=0$,(c) $t=10$,(d) $t=12$.(e) 与(a)图相关的在 $y=-20$ 处的剖面图.(f) 与(c)图相关的在 $y=20$ 处的剖面图. The evolution of interaction between two bell-like loop solitons for the solution v expressed by (5.1) with conditions (5.18) and (5.19) at times: (a) $t=-10$, (b) $t=0$, (c) $t=10$, (d) $t=12$. (e) A sectional view related to (a) at $y=-20$. (f) A sectional view related to (c) at $y=20$

和 $\beta=1$,则可以得到没有相移发生的半折叠孤子. 这个新加入的半折叠孤子是图 5.9 中三个大小居中的孤子,其初速度为 $\{\tilde{v}_{0x}=-0.5,\ \tilde{v}_{0y}=2\}$.

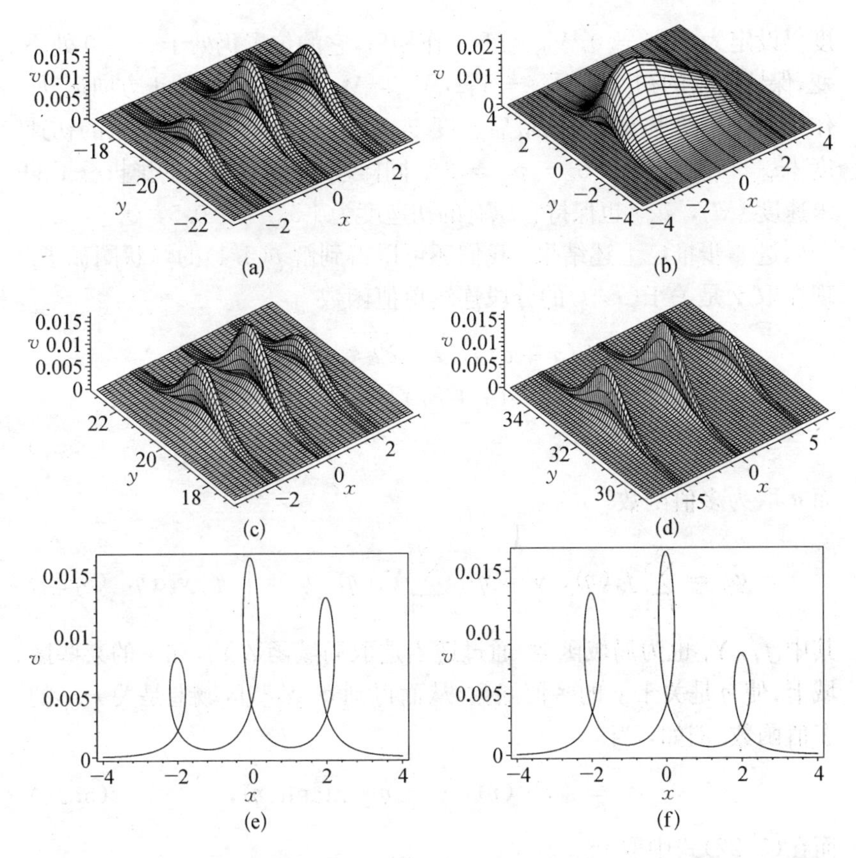

图 5.9　解 v(5.1)的作用后不发生相移的三个半折叠孤子,选取的参量为(5.20)和(5.21)在不同时间:(a) $t=-10$, (b) $t=0$, (c) $t=10$, (d) $t=16$. (e) 与(a)图相关的在 $y=-20$ 处的剖面图. (f) 与(c)图相关的在 $y=20$ 处的剖面图. The evolution of interaction between three bell-like loop solitons for the solution v expressed by (5.1) with conditions (5.20) and (5.21) at times: (a) $t=-10$, (b) $t=0$, (c) $t=10$, (d) $t=16$. (e) A sectional view related to (a) at $y=-20$. (f) A sectional view related to (c) at $y=20$

从图 5.9 分析和理论计算知,这三个半折叠孤子的相互作用也是完全弹性的,因为作用后,它们的振幅、波速和形状保持不变. 只是它们相互作用后,发生了相移. 仔细分析一下:这里较大的半折叠子的初速

度仍设定为 $\{V_{0x}=0, V_{0y}=2\}$，作用后，它的位置仍处于 $x=0$ 处不变，保持原来的初速度 $\{V_x=V_{0x}, V_y=V_{0y}\}$ 沿着 y 轴的正方向运动. 作用后较小的半折叠子的最后速度 v_x 和 v_y 也完全保持它原来的初速度 $\{v_x=v_{0x}=0.5, v_y=v_{0y}=2\}$. 同样地，作用后居中的半折叠子的末速度 $\{\tilde{v}_x, \tilde{v}_y\}$ 也保持它原有的初速度为 $\{\tilde{v}_{0x}=-0.5, \tilde{v}_{0y}=2\}$.

进一步推广上述结果，我们还可以得到解 v(5.1)的峰状圈孤子. 现在取 χ 是关于(x, t)的分段连续单值函数

$$\chi=1+\sum_{i=1}^{M}\begin{cases}\psi_i(x+c_it), & x+c_it\leqslant 0,\\ -\psi_i[-(x+c_it)]+2\psi_i(0), & x+c_it>0,\end{cases} \tag{5.22}$$

而 φ 取为多值函数

$$\varphi_y=\sum_{j=1}^{N}f_j(\eta),\ y=\eta+\sum_{j=1}^{N}Y_j(\eta),\ \varphi=\int^{\eta}\varphi_y y_\eta \mathrm{d}\eta, \tag{5.23}$$

其中 f_j, Y_j 也为局域函数. 通过适当选取局域函数 Y_j，在 y 的某些区域上，使 η 是关于 y 的多值函数，从而得到 φ_y 某些区域上是关于 y 的多值函数. 例如，当

$$\varphi_y=\mathrm{sech}^2(\eta),\ y=\eta-2\tanh(\eta), \tag{5.24}$$

而在(5.22)式中取

$$M=2,\ \psi_1=\exp(x+t),\ \psi_2=2\exp(x-2t), \tag{5.25}$$

我们可以得到另一种新的局域结构——峰状圈孤子，如图 5.10 所示. 在图 5.10(a)，5.10(b)，5.10(c)和 5.10(d)中描绘了两个峰状圈孤子的演化. 从图 5.10 可以看出这两个峰状圈孤子也具有新的性质：它们在 y 方向上发生折叠，而在 x 方向上以峰状单值局域. 根据理论和图形分析知，在这两个圈孤子中，碰撞前，一个圈孤子(图中较大的孤子)以 2 的速度沿 x 正方向运动，另一个圈孤子以 1 的速度沿 x 反方向运动. 两个峰状圈孤子相互作用后，完全保持原有的形状、波速

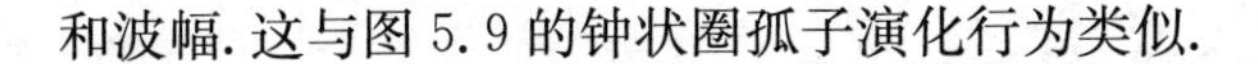

和波幅. 这与图 5.9 的钟状圈孤子演化行为类似.

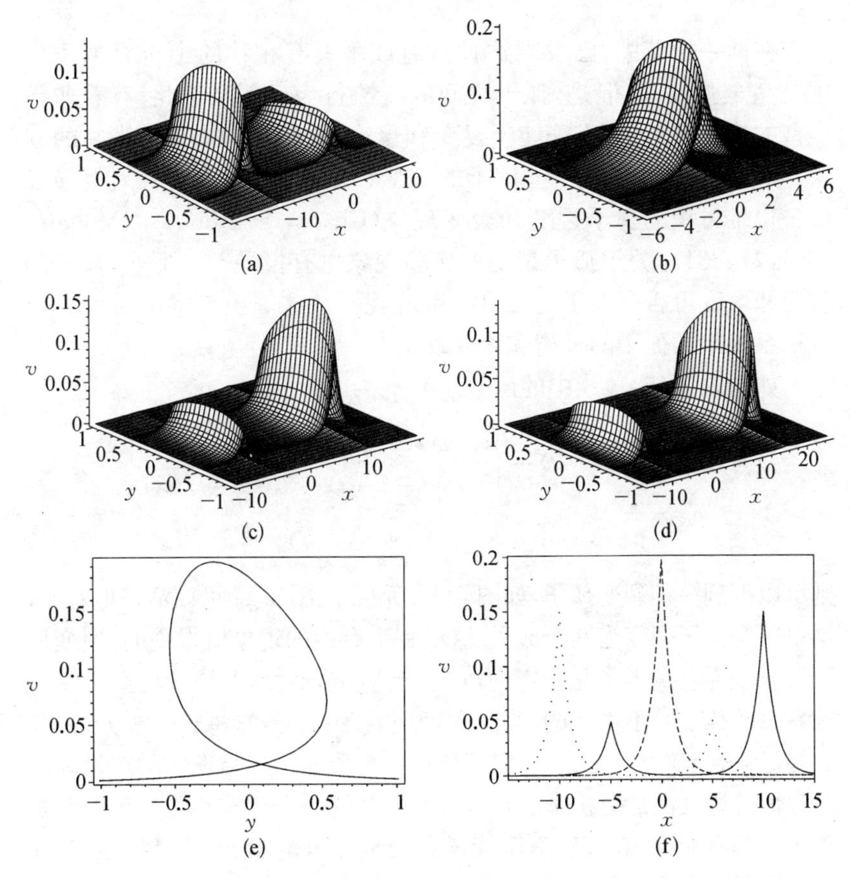

图 5.10　解 v(5.1)满足条件(5.22),(5.24)和(5.25)式时的两个峰状圈孤子和它们在不同时间的演化图: (a) $t=-5$, (b) $t=0$, (c) $t=5$, (d) $t=6$. (e) 与图(b)相对应的物理量 v 在 $x=0.1$ 处截面图. (f) 与图(a), (b), (c)相对应的解 v 在 $y=0$ 处的截面图: 星点线对应(a)图,虚线对应(b)图和实线对应(c)图. The evolution of the interactions of two peak-like loop solitons for the solution v expressed by (5.1) with conditions (5.22),(5.24) and (5.25) at times (a) $t=-5$, (b) $t=0$, (c) $t=5$, (d) $t=6$. (e) A sectional view related to (b) at $x=0.1$. (f) A sectional view related to (a), (b) and (c) at $y=0$: dashed line corresponding to (a), dotted line to (b), and solid line to (c)

5.1.3 (2+1)维裂变孤子和聚合孤子

在前一小节中,已发现这种具有或不具有相移的半折叠孤子作用是完全弹性的. 但是,孤子之间的碰撞行为远不限于此,有着非常丰富的演化行为. 我们知道,裂变和聚变是自然界中十分普遍的现象,如细胞的分裂和聚变、核子的裂变和聚变等. 最近已有人报导了(1+1)维可积的孤子裂变和聚变现象(Chaos, Solitons & Fractals, 2004,**21**,231),关于孤子裂变的实验现象也有报导[176]. 那么,孤子的裂变和聚变可否存在于高维可积系统呢? 在这一小节将探讨(2+1)可积系统中的孤子的分裂和聚变现象[128,135,175].

如选取解(5.1)式中的函数 χ 和 φ 为

$$\chi(x,t)=1+2\exp(x-2t)+\begin{cases}\exp(x+t), & (x+t)\leqslant 0,\\ -\exp(-x-t)+2, & (x+t)>0,\end{cases} \tag{5.26}$$

$$\varphi(y,t)=1+\exp(y-t), \tag{5.27}$$

则可以得到一种裂变孤子,如图 5.11 所示. 从图 5.11 可以清楚地看出,这里一个孤子裂变为两个孤子. 这里一个有趣的现象值得说明,裂变后沿着 x 轴左移的孤子是稳定的,它不会进一步裂变. 但是,裂变后沿着 x 轴右移的孤子是不稳定的. 当时间经历 $t>11$ 时,它将进一步分裂,其波幅、形状会随时间变化. 如何解释这一现象呢? 从物理学的能量和动量守恒理论及图形分析来看:开始裂变时的一个孤子和裂变后的两个孤子均具有能量和动量,遵循能量和动量守恒定律. 但是,裂变后为什么一个孤子是稳定的,而另一个孤子是不稳定的? 裂变后孤子的能量和动量如何分配呢? 这些仍未清楚. 特别值得说明的是,右移不稳定孤子的瞬时峰值几乎达到它初始波峰的 8 000 倍,这已很难从能量和动量守恒来解释. 这种裂变波的演化特征类似于海洋中的海啸现象,类似于海洋表面的极值波,如 Freak 波[177]-[183]. 关于极值波的形成机制,最近已有人报导可用孤子相互作用来解释[184,185]. 关于这方面的基础理论研究和应用性研究,我们仍在进行之中. 事实上,由于海啸(如 2004 年 12

月 26 日在东南亚发生的大海啸)对人类生命、财产所造成的巨大破坏,已经引起人们对海啸现象研究的极大关注.

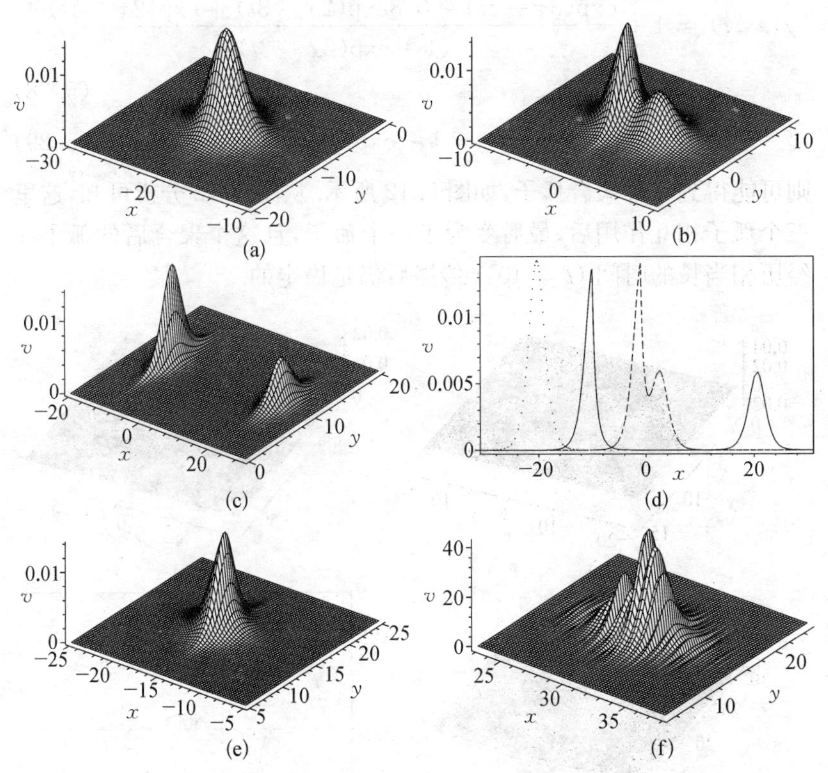

图 5.11　解 v(5.1)在不同的时间的孤子裂变演化图,选取参量为(5.27):(a) $t=-10$, (b) $t=1$, (c) $t=10$. (d) 与(a), (b)和(c)图相关的剖面图:点状线表示与(a)图相关的在 $y=-10$ 处剖面线,破折线表示与(b)图相关的在 $y=1$ 处剖面线,实线表示与(c)图相关的在 $y=10$ 处剖面线. (e) 时间为 $t=15$ 时的左移稳定孤子. (f) 时间为 $t=15$ 时的右移不稳定孤子. The evolutional profile of one soliton fission into two solitons for the solution v (5.1) with condition (5.27) at different times (a) $t=-10$, (b) $t=1$, (c) $t=10$. (d) A sectional view related to (a), (b) and (c): (a) dotted line at $y=-10$, (b) dashed line at $y=1$ and (c) solid line at $y=10$. (e) The stable lefttravelling soliton at $t=15$. (f) The unstable right travelling soliton at $t=15$

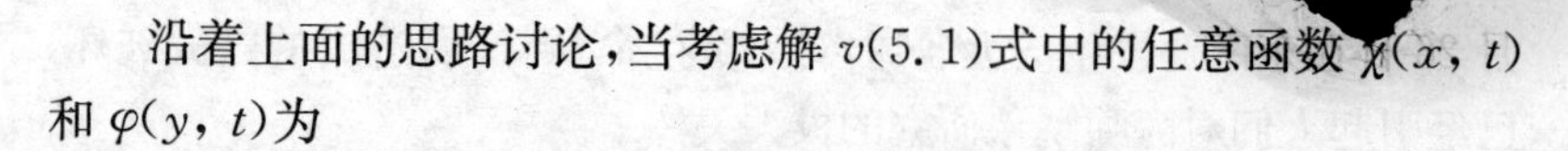

沿着上面的思路讨论，当考虑解 v(5.1)式中的任意函数 $\chi(x, t)$ 和 $\varphi(y, t)$ 为

$$\chi(x, t) = 1 + \frac{\exp(5x - 5t) + 0.8\exp(2x - 3t) + \exp(2x - 4t)}{(1 + \exp(2x - 3t))^2}, \tag{5.28}$$

$$\varphi(y, t) = 1 + \exp(y - t), \tag{5.29}$$

则可能得到一种聚合孤子，如图 5.12 所示. 从图 5.12 分析可知，这里三个孤子相互作用后，最后变为了一个孤子，且这个聚合后的孤子在经历相当长的时间 ($t = 10^5$) 传播后仍是稳定的.

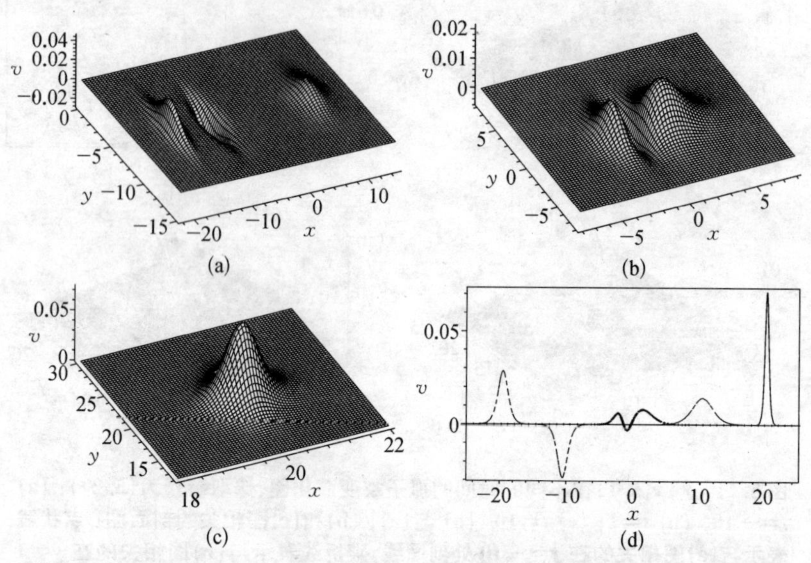

图 5.12　解 v(5.1)在不同的时间的三孤子聚合演化图，选取参量为(5.29)：(a) $t=-10$, (b) $t=-1$, (c) $t=20$. (d) 与图(a)，(b)和(c)相关的截面图：点状线表示与(a)图相关的在 $y=-10$ 处剖面线，破折线表示与(b)图相关的在 $y=-1$ 处剖面线，实线表示与(c)图相关的在 $y=10$ 处剖面线. Three solitons fuse into one soliton evolutional plot of the solution v(5.1) with condition (5.29) at different times (a) $t=-10$, (b) $t=-1$, (c) $t=20$. (d) A sectional view related to (a), (b) and (c): (a) dotted line at $y=-10$, (b) dashed line at $y=-1$ and (c) solid line at $y=10$

5.2 分形孤子

当然,在解(5.1)式中,我们还可以对 χ 和 φ 考虑另外一些选择,如取为 Weierstrass 随机函数或著名 Rössler 混沌系统的数值解,则可以得到一些局域激发具有准周期性质或具有混沌动力学行为.事实上,由于(5.1)式中函数 χ 和 φ 的任意性,许多可以用来描述复杂世界的新的局域激发模式可以被进一步发现,相应地,各种新异的动力学行为也会随之发生.

在下面两小节里,我们以解 G(5.2)式为分析对象,讨论其分形孤子和混沌孤子,因为物理量 G 中同样拥有任意函数 χ 和 φ.

5.2.1 规则分形斑图

分形可分为规则分形和随机分形,其中规则分形具有严格的自相似结构.现在先来讨论孤子具有的规则分形特性.前面第二章和本章第一节中,已经讨论过若干重要的孤子,其中有两种局域解,指数局域的 dromions 和代数局域的 lumps.这里以这两种孤子为主要讨论对象.

要找出恰当的函数 χ 和 φ,使非线性系统的解 G(5.2)具有分形性质,确实是非常困难的.幸运的是,在最近的研究中,我们发现有大量的函数可以用来构造规则分形孤子,其中主要的函数是与三角正弦、余弦、各种 Jacobian 椭圆函数、Bessel 函数等相关的分段连续函数.现先来列举一种比较简单的情形:分别取解 G(5.2)中的 χ 和 φ 为

$$\chi=1+\frac{|x+t|\{J_0[0,\ln(x+t)^2]\}^2}{1+(x+t)^4},$$

$$\varphi=1+\frac{|y-2Bt|\{J_0[0,\ln((y-2Bt)^2)]\}^2}{1+(y-2Bt)^4},\tag{5.30}$$

其中 J_0 为所示变量的 0 阶 Bessel 函数，$B=-\sigma=1$，$t=0$，则可以得到一种具有分形特性的 lumps 解，如图 5.13 所示. 仔细看图 5.13(a)中心部分，可以发现它有许多的针状结构，其分布的行为呈现出规则分形的性质. 图 5.13(b)，(c)，(d)分别画出了 5.13(a)的中心部分更小的局部结构图. 图 5.13(b)和 5.13(c)展示了范围分别为 $\{x\in[-0.00058,\ 0.00058],\ y\in[-0.00058,\ 0.00058]\}$ 和 $\{x\in[-0.0000052,\ 0.0000052],\ y\in[-0.0000052,\ 0.0000052]\}$ 的局部结构. 从这些局部结构图分析，人们很容易发现，它们确实具有自相似结构. 图 5.13(d)是与图(a)相关的密度图，其范围为 $\{x\in[-0.000058,\ 0.000058],\ y\in[-0.000058,\ 0.000058]\}$. 如果将图 5.13(d)的中心部分放大，人们会发现全部是与图 5.13(d)相同的密度图.

指数局域的 dromions 同样可以具有自相似性质. 如取解 G(5.2)中的 χ 和 φ 为与 Jacobian 椭圆余弦函数相关的分段连续函数，

$$\chi=1+\exp[\sqrt{(x-c_1t)^2}(1+cn(\ln((x-c_1t)^2,\ k)))],\tag{5.31}$$

$$\psi=1+\exp[\sqrt{(y-c_2t)^2}(1+cn(\ln((y-c_2t)^2,\ k)))],\tag{5.32}$$

(其中 k 为 Jacobian 椭圆函数的模)，则可以得分形 dromions 局域解，图与第二章中的图 2.2 类同，这里从略.

5.2.2 随机分形斑图

除了具有自相似结构的分形 dromions 和 lumps 外，还有具有随机行为的分形 dromions 和 lumps 局域解. 一些低维的随机分形函数可以用构建高维系统的随机分形 dromions 和 lumps 局域解. 如随机分形函数 Weierstrass 函数 p

$$p \equiv \sum_{k=0}^{N} [\lambda^{(s-2)k} \sin(\lambda^k \xi)],\ N \to \infty, \tag{5.33}$$

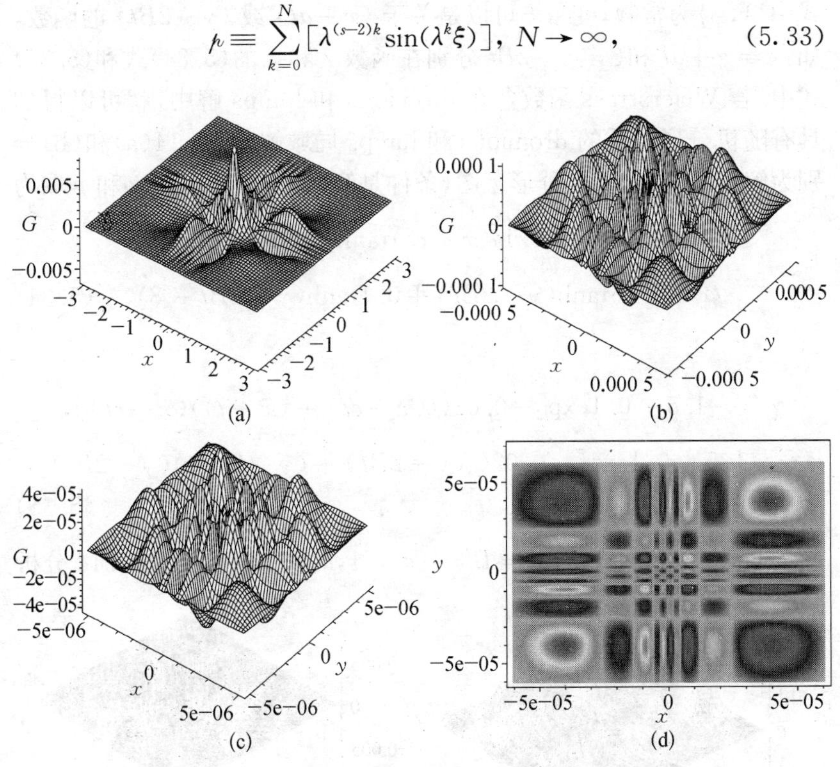

图 5.13 (a) 解 G(5.2)的分形斑图结构，参量取为(5.30)，$B=-\sigma=1$，时间 $t=0$. (b) 与图(a)相关的自相似结构，范围为{$x=\in[-0.000\,58, 0.000\,58]$, $y\in[-0.000\,58, 0.000\,58]$}. (c) 与图(a)相关的自相似结构，范围为{$x\in[-0.000\,005\,2, 0.000\,005\,2]$, $y\in[-0.000\,005\,2, 0.000\,005\,2]$}. (d) 与(a)相关的自相似密度图，范围为{$x\in[-0.000\,058, 0.000\,058]$, $y\in[-0.000\,058, 0.000\,058]$}. (a) A regular fractal pattern structure for the potential G given by Eq. (5.2) with the conditions (5.30) $B=-\sigma=1$ at $t=0$. (b) Self-similar structure of the fractal pattern related to (a) in the region {$x=\in[-0.000\,58, 0.000\,58]$, $y\in[-0.000\,58, 0.000\,58]$}. (c) Self-similar structure of the fractal pattern related to (a) in the region {$x\in[-0.000\,005\,2, 0.000\,005\,2]$, $y\in[-0.000\,005\,2, 0.000\,005\,2]$}. (d) Density of the fractal structure of pattern related to (a) in the region {$x\in[-0.000\,058, 0.000\,058]$, $y\in[-0.000\,058, 0.000\,058]$}

式中$\{\lambda, s\}$为常数,变量ξ可以是关于$\{x+at\}$或$\{y-2Bt\}$的函数,如:$\xi=x+at$和$\xi=y-2Bt$分别在函数χ和φ的(5.34)式和(5.35)式中.若Weierstrass函数含在dromions和lumps解中,就可以得到具有随机分形性质的dromions和lumps局域解.图5.14(a)和(b)分别为解G(5.2)的随机分形斑图,条件是解(5.2)中的函数χ和φ取为

$$\chi = 3 - 0.1\rho(x+ct)\tanh[3(x+t)],$$

$$\varphi = 0.06\tanh(y-2Bt) + 0.1\tanh(y-2Bt-8), \quad (5.34)$$

与

$$\chi = -1.5 + 0.1\exp[-0.02(\rho(x+ct)+(x+t))(x+ct)],$$

$$\varphi = -1.5 + 0.1\exp[-0.02(\rho(y-2Bt)+(y-2Bt))(y-2Bt)], \quad (5.35)$$

参量取为$\lambda = s = 1.5$, $c = B = -\sigma = 1$,时间$t=0$. 从图5.14分析

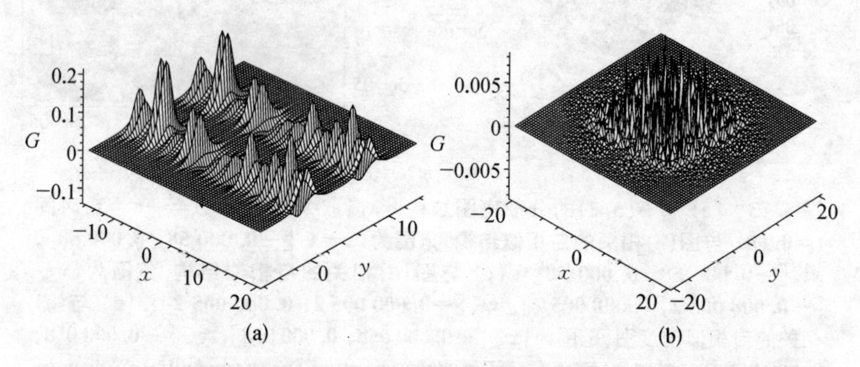

图5.14 (a)解(5.2)的一种典型的随机分形dromions局域结构,条件为(5.33)和(5.34),参量取为$\lambda=s=1.5$,时间$t=0$.(b)一种典型的随机分形lumps局域结构,条件为(5.33)和(5.35),参量取为$\lambda=s=1.5$,时间$t=0$.
(a) A plot of typical stochastic fractal dromion solution determined by Eq. (5.2) with selections (5.33) and (5.34) at $t=0$. (b) A plot of typical stochastic fractal lump solution determined by Eq. (5.2) with selections (5.33) and (5.35) at $t=0$

知,图中 dromions 的振幅和 lumps 的波形的空间变化都是不规则的,完全是一种随机行为,本质已是一种混沌行为. 在下面这一小节,我们将分析系统的混沌孤子.

5.3 混沌孤子

既然高维可积系统映射解中存在分形孤子,人们自然会猜测这些系统中还可能存在混沌孤子. 由于现在所得的解中具有任意函数 $\chi(x, t)$ 和 $\varphi(y, t)$,所以各种低维系统的混沌解,如:(1+1)维或(0+1)维混沌动力学系统的数值解,均可用来构建高维系统的具有混沌行为的局域或不局域解.

5.3.1 混沌线孤子

如果在解(5.2)的任意函数 χ 或 φ 取为时空混沌解时,另一个选为局域函数,则可以得到在 x 方向或在 y 方向上随机变化的混沌线孤子. 如:取解(5.2)式中的函数 χ 或 φ 为下述核自旋(Nuclear Spin Generator(NSG))混沌系统的解

$$m_\varsigma = n - bm,$$

$$n_\varsigma = bn(cl - 1) - m,$$

$$l_\varsigma = ab(1 - l) - bcn^2, \tag{5.36}$$

其中 m, n 和 l 是关于ς的函数,a, b, c 为系统参量. NSG 系统在不同的参量下会呈现各种不同混沌吸引子. 其中一种典型的吸引子如图 5.15 所示,相应的参量为

$$a = 0.2,\ b = 1.3 \quad c = 3,\ m(0) = 1,\ n(0) = 2,\ l(0) = 0. \tag{5.37}$$

现在我们选取解 G(5.2)中的函数 χ 和 φ 分别为

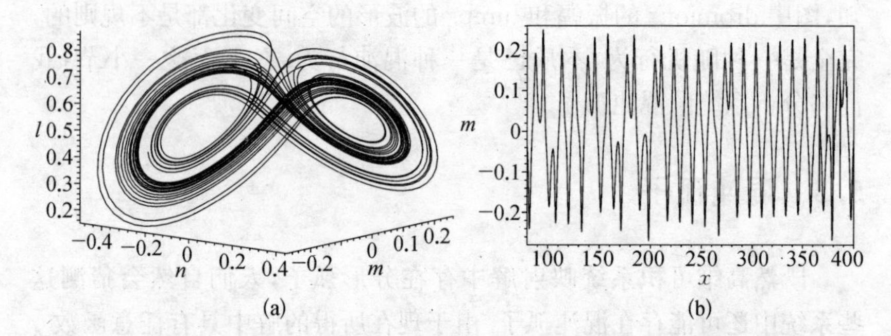

图 5.15 (a) NSG 系统(5.36)在参量(5.37)下会呈现的一种典型的吸引子. (b) 与图(a)与相应的 NSG 系统(5.36)中变量 m 的一种典型的混沌解. (a) A typical attractor plot of the chaotic NSG system (5.36) with the condition (5.37). (b) A typical plot of the chaotic solution m in the NSG system (5.36) related to (a)

$$\chi(x, t) = 1 + m(\varsigma), \varphi = 1 + \exp(y - 2\beta t), \tag{5.38}$$

式中 $m(\varsigma)$NSG 系统(5.36)在参量(5.37)下变量 m 的混沌解，$\varsigma = x + \kappa t$，则可以发现物理量 G 的混沌线孤子，如图 5.16(a)所示.

从图 5.16(a)可以看出，虽然它在 y 方向上仍是局域的，但是，在 x 方向上呈现出完全的混沌行为.

5.3.2 混沌平面斑图

如果解 G(5.2)中的函数 χ 和 φ 均取为低维系统的混沌解，则会发现场量或势函数 G 在各个方向上均呈现出混沌行为. 例如：当取解 G(5.2)中函数 χ 和 φ 为

$$\chi = 1 + m(x + \kappa t), \varphi = 1 + m(y - 2\beta t), \tag{5.39}$$

其中 m 是 NSG 系统(5.36)在(5.37)下变量 m 的混沌解，则可以发现物理量 G 的混沌平面斑图，如图 5.16(b)所示.

图 5.16(b)表明解 G 无论在 x 方向上，还是在 y 方向上均呈现出完全的随机行为.

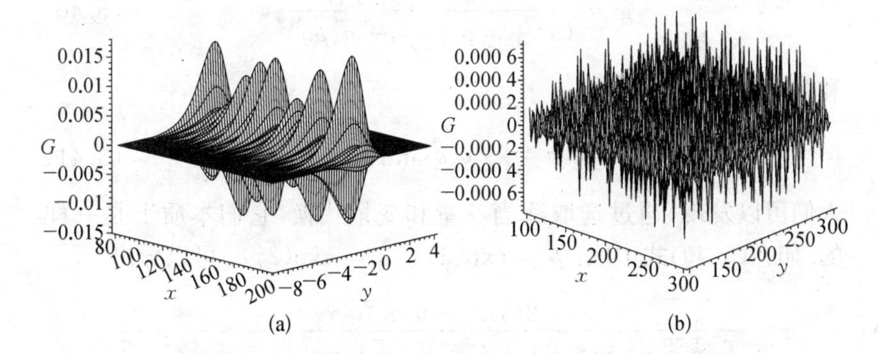

图 5.16 (a) 解 G(5.2)在参量条件为(5.38),$t=0$, $\sigma=-1$ 下的混沌线孤子. (b) 解 G(5.2)在参量条件为(5.39),$t=0$, $\sigma=-1$ 下的混沌平面斑图. (a) A plot of the chaotic line soliton for the solution G determined by Eq. (5.2) with condition (5.38) and $t=0$, $\sigma=-1$. (b) A plot of the chaotic pattern for the field G expressed by Eq. (5.2) with condition (5.39) and $t=0$, $\sigma=-1$

5.4 本章小结

根据(2+1)维非线性系统的广义映射解(5.1)和(5.2),本章讨论了系统场量或势函数存在的丰富的局域激发模式,如传播孤子和不传播孤子、分裂孤子和聚合孤子、钟状圈孤子和峰状圈孤子等,以及孤子的分形特性和混沌行为.

现在一个有趣的问题是,为什么广义映射解(5.1)呈现出与多线性分离变量解(2.168)相类似的丰富的局域激发模式?或者说,这些(2+1)维非线性系统的映射解(5.1)与第二章中得到的多线性分离变量解(2.168)有没有关系呢?如果确实存在一定的变换关系的话,那么,所有由多线性分离变量法(2.168)得到的局域激发,现在根据映射理论同样可以找到!

下面我们以(2+1)维 GBK 系统为例说明. 比较它的分离变量解 g(2.60)

$$g = \frac{2(a_3 a_0 - a_2 a_1) p_x q_y}{(a_0 + a_1 p + a_2 q + a_3 pq)^2}, \tag{5.40}$$

和其映射解 g_1(4.100)，

$$g_1 = -2\chi_x \varphi_y \sigma + 2\chi_x \varphi_y \sigma \tanh^2(\sqrt{-\sigma}(\chi + \varphi)), \tag{5.41}$$

人们可以发现，通过选取适当参量和变量代换，它们本质上是一样的. 如在(5.40)式中取：$p = \exp(2\chi)$，$q = \exp(2\varphi)$，可以导出

$$g = \frac{2(a_3 a_0 - a_2 a_1) \varphi_y \chi_x}{[\sqrt{a_0 a_3} \cosh(\chi + \varphi + C_1) + \sqrt{a_1 a_2} \cosh(\chi - \varphi + C_2)]^2}, \tag{5.42}$$

式中 $\chi \equiv \chi(x, t)$ 和 $\varphi \equiv \varphi(y - 2Bt)$ 为所示变量的任意函数. $C_1 = \frac{1}{2}\ln\left(\frac{a_3}{a_0}\right)$, $C_2 = \frac{1}{2}\ln\left(\frac{a_1}{a_2}\right)$. 当取参量 $a_0 = a_3$ 和 $a_1 = a_2 = 0$ 时，(5.42)式变为

$$g = 2\chi_x \varphi_y \operatorname{sech}^2(\chi + \varphi). \tag{5.43}$$

比较(5.43)式和(5.40)式 $(\sigma = -1)$，很容易发现它们是完全相同的.

类似地，通过选取适当的参量，映射解 g_5(4.108)与分离变量解(5.40)也是等价的. 因而，根据映射解 g_5(4.108)也能得到类似于分离变量解(5.40)的局域相干结构.

因而，所有由多线性分离变量法(2.168)得到的局域激发，现在根据映射理论同样可以找到！

但是，在第四章第四节中，我们通过对称延拓的广义映射法导出上 GBK 系统另一组广义映射通解(4.140)

$$G = 2\sigma \chi_x \varphi_y \coth^2[\sqrt{-\sigma}(\chi + \varphi)] \times \operatorname{sech}^4[\sqrt{-\sigma}(\chi + \varphi)]. \tag{5.44}$$

我们不能证明它与分离变量解(5.40)的等价性，这是一个新解. 值得

说明的是，这个表达式(5.2)同样可以视为一个通式，因为它适用于若干非线性系统，如：BKK 系统、BLP 系统、色散长波系统等. 从而我们也可以说明，广义对称映射法确实可以给出系统的一些新解.

本章只讨论了部分由广义映射解(5.1)和(5.2)激发局域相干结构及其相关的一些非线性动力学行为. 事实上，由于(2+1)维系统广义映射解中的函数 $\chi(x, t)$和 $\varphi(y, t)$或 $\varphi(y)$的任意性，若干新的局域激发模式可能被进一步发现，相应地，许多奇异的或新颖的动力学行为也将随之发生. 这与第二章讨论的情形类似，还有大量有意义的且得到同行肯定的工作值得深入研究.

第六章 总结与展望

6.1 主要研究成果

本文主要分析了(2+1)维非线性系统的局域激发模式及其分形和混沌动力学行为. 我们借鉴线性物理中的分离变量理论和非线性物理的约化思想,先对处理非线性问题的多线性分离变量法和直接代数法进行研究和推广,对形变映射理论进行创新,得到了一些新的结果. 然后,根据非线性系统的广义映射解与多线性分离变量解,讨论了(2+1)维局域激发模式及其相关的非线性动力学行为. 本文研究表明,方法上可将多线性分离变量方法与广义映射方法甚至对称约化方法统一起来;理论上混沌和分形可以存在于高维可积系统,而不是只存在于不可积系统. 现将本文的主要研究成果概述如下:

第一,本文将楼森岳教授提出的多线性分离变量法进一步推广到其他新的(2+1)维非线性系统,如: 广义 Broer-Kaup 系统、广义 Ablowitz-Kaup-Newell-Segur 系统、广义 Nizhnik-Novikov-Vesselov 系统、广义非线性 Schrödinger 扰动系统及 Boiti-Leon-Pempinelli 系统等,进而讨论基于多线性分离变量解引起的(2+1)维系统丰富的局域激发模式及其相关非线性特性. 所得结果表明: 混沌和分形存在于(2+1)维非线性系统是相当普遍的现象.

第二,本文将双曲函数法、椭圆曲函数法和直接代数法进一步推广到非线性离散系统和变系数系统,如: Ablowitz-Ladik-lattice 系统、Hybrid-Lattice 系统、Toda Lattices 系统、相对论 Toda Lattices 系统、离散 mKdV 系统和变系数 KdV 系统等,得到这些非线性系统的精确行波解.

第三,本文利用对称约化思想,提出一种广义映射理论,突破了现有映射理论只能求解系统行波解的约束,并成功地运用若干非线性离系统中,如:Broer-Kaup-Kupershmidt 系统、Boiti-Leon-Pempinelli 系统、广义 Broer-Kaup 系统和色散长波系统等,得到了新型的分离变量解,也称为广义映射解.根据所求的广义映射解,我们可以得到丰富的局域激发结构.事实上,基于多线性分离变量法所得局域激发,用广义映射理论同样可以得到.

第四,本文依据广义映射法所得的新型分离变量解,分析若干新的或典型的局域激发,如:传播孤子与不传播孤子,相互作用后具有相移或不具有相移的单值与多值复合的半折叠孤子,裂变孤子和聚合孤子及其稳定性分析等,并讨论了一些典型孤子所蕴涵的分形、混沌等非线性动力学行为.研究结果再次表明:混沌和分形存在于高维非线性系统是相当普遍的.理论上完善或修正了人们长期认为孤波产生于可积非线性系统而混沌、分形只存在于不可积非线性系统的认识局限性,说明这些非线性现象之间内在的相互关系.

第五,本文分析并建立了(2+1)维非线性系统的广义映射解与多线性分离变量解的变换关系.研究表明,所有由多线性分离变量法得到(2+1)维非线性系统的局域激发,根据广义映射理论同样可以找到.

6.2 研究展望

本文研究虽然在方法的应用与推广上、基础理论的创新上,取得了一些进展,但是,还有大量的工作值得深入研究.首先,如何将多线性分离变量法进一步推广到新的非线性系统?如何对多线性分离变量理论加以发展和创新?更重要的是,如何将所得的理论结果运用到实际的社会经济建设?

事实上,就本文所得由于(2+1)维非线性系统的广义映射解与多线性分离变量解本身而言,由于解中函数的任意性,许多可以用来描述现实复杂世界的新的局域结构可能被进一步发现，相应地，各种新异的动力学行为也会随之发生. 这方面也还有大量的课题值得深入研究.

其次，本文虽然成功地将基于行波约化的代数方法推广应用到非线性离散系统和复杂的变系数非线性系统，求得了它们的显式行波. 但是，基于行波约化的代数法，得到的结果只能是行波解. 对(2+1)维非线性系统而言，所得的孤立波只能在某个方向局域，在其他方向上不能局域，如线孤子，并不能得到各方向都局域的平面相干孤子，如 dromions 结构. 如何找到离散系统和复杂的变系统非线性系统的局域解是一项很有意义的工作. 尽管有人已将多线性分离变量法推广到了个别非线性离散系统，但是，尚有大量的工作等待深入讨论.

第三，虽然我们利用 CK 直接约化思想和形变映射理论，提出了一种广义映射方法，并成功地应用于若干(2+1)维非线性系统，得到了这些非线性系统新型的广义映射解. 研究结果表明，运用广义映射理论研究非线性系统，与用多线性分离变量理论研究有殊途同归的效果. 但是，这种广义映射方法有待于进一步完善. 如何将广义映射法进一步推广到更多的高维非线性系统呢? 因为到目前为止，我们还只是成功地运用到很少的一部分的(2+1)维系统. 与此同时，从本文第三章的讨论知道，基于行波约化的形变映射法，除 Riccati 方程映射外，还有若干非常有效的映射方程，如 NKG 方程和一般椭圆方程等. 所以，如何用 NKG 方程和一般椭圆方程作为映射方程来研究非线性系统的广义映射解也是一个有趣且重要的课题. 从理论上分析，这完全是可行的. 这方面工作，目前我们也在研究之中，寄望在理论上有新的发展.

第四，我们已成功地建立起广义映射理论和多线性分离变量理论的联系. 根据我们现在取得的研究结果，有希望找到 CK 直接约化理论、广义映射理论与多线性分离变量理论三者的内在关系. 换言之，运用 CK 直接约化方法同样可以得到非线性系统丰富的局域激发. 这方面的工作，我们也在研究之中，寄望得到一些有意义的结果.

参考文献

[1] Ablowitz M J, Clarkson P A. Sonlitons, Nonlinear Evolution Equations and Inverse Scattering, London Mathematical Society, Lecture Note Series 149, Cambridge University Press, England, 1991.

[2] Whitham G B. Line and nonlinear waves, Wiley-Interscience Publication, New York, 1973.

[3] 郭柏灵.非线性演化方程.上海科学技术出版社,1995.

[4] 王明亮.非线性发展方程与孤立子.兰州大学出版社,1990.

[5] 刘式达,刘式适.物理学中的非线性方程.北京大学出版社,2000.

[6] 庞小峰.孤子物理学.四川科学技术出版社,2003.

[7] 谷超豪等.孤立子理论与应用.浙江科学技术出版社,1990.

[8] 周凌云等.非线性物理理论及应用.科学出版社,2000.

[9] 谷超豪等.孤立子理论与应用.浙江科学技术出版社,1990.

[10] 陆同兴.非线性物理概论.中国科学技术大学出版社,2002.

[11] 李翊神.孤子与可积系统.上海科学技术出版社,1999.

[12] 刘式达,刘式适.孤波和湍流,上海科学技术出版社,1997.

[13] 潘祖梁.非线性问题的数学方法.浙江大学出版社,1998.

[14] 黄念宁.孤子理论与微扰方法.上海科学技术出版社,1997.

[15] 谷超豪,胡和生,周子翔.孤子理论中的达布变换及其几何意义.上海科学技术出版社,1990.

[16] Lou S Y. Searching for higher dimensional integrable models from lower ones via Painlevé analysis. *Phys. Rev. Lett.*, 1998,**80**(6): 5027-5031.

[17] Hirota R, Lwao M. Time-discretization of soliton equation, eds. Levi D and Ragnisco O, SIDE III-symmetries and integrabilities of difference equations, *CRM Proc. Lect. Notes 25*, *Ams*, *Pro.*, Rhode Island, 217 - 229, 2000.

[18] Hasegawa A, Kodama Y. Solitons in Communications, Clarendon Press, Oxford, 1995; Davydov A S, Solitons in Molecular Systems, Kluwer Academic Publishers, 1991.

[19] Infeld E, Rowlands G. Nonlinear Waves, Solitons and Chaos, Cambridge: Cambridge University Press, 1990.

[20] Russell J S. Report of the committee on waves, rep. meet., Brit. Assoc. Adv. Sci. 7th. Livepool, London, John Murray, 417, 1837.

[21] Russell J S. Report on waves, rep. 14th. meet., Brit. Assoc. Adv. Sci., London, John Murray, 311, 1844.

[22] Stockes G G. On a difficulty in the theory of sound. *Phil. Mag.*, 1848, **23**: 349 - 356.

[23] Riemann B. Uber die fortpflanzung ebener Luftwellen von endlicher Schwingungsweite. *Göttingen Abhandlungen*, 1858, **8**: 43.

[24] Boussinesq J. Théorie de l'intumescencs liquid appelée ondesolitaire ou de translation se propageant dans un canalrectangulaire. *Comptes Rendus Acad. Sci. Paris*, 1871, **72**: 755 - 759.

[25] Rayleigh Lord. On Waves. *Phil. Mag.*, 1876, **1**: 257 - 279.

[26] Korteweg D J, de Vries G. On the Change of form of long waves adavancing in a rectangular channel, and on a new-type of long stationary waves. *Phil. Mag.*, 1895, **39**(5): 422 - 443.

[27] Miura R M, Backlund transformations, Vol. 515 in Lecture

Notes in Math, Springer-Verlag, Berlin, 1976.
[28] Fermi E, Pasta J, Ulam S. Studies of Nonlinear Problems, in collected papers of E. Fermi Vol. **2**, 1940, 978, Univ. of Chicago Press, Chicago, 1962.
[29] Gardner C S, Greene J M, Kruskal M D, Miura R M. Method for solving the Korteweg-de Vries equation. *Phys. Rev. Lett.*, 1967, **19**: 1095-1097.
[30] Perring J K and Skyrme T H R, A model unified field equation. *Nucl. Phys.*, 1962, **31**: 550-555.
[31] Zabusky N J, Kruskal M D. Interactions of solitons in a collisionless plasma and the recurrence of initial states. *Phys. Rev. Lett.*, 1965, **15**: 240-243.
[32] Toda M. Wave propagation in anharmonic lattices. *J. Phys. Sco. Jpn.*, 1967, **23b**: 501-506.
[33] Wu J R, Keolian R, Rudnick I. Observation of a monpropagating hydrodynamic soliton. *Phys. Rev. Lett.*, 1984, **52**(16): 1421-1424.
[34] Peregrine D H. Water waves, nonlinear Schrödinger erquations andtheir solutions. *J. Austral. Math. Soc. Ser. B*, 1983, **25**: 16-21.
[35] Scott A C. Active and nonlinear wave propagation in electronics, Wiley-Interscience, 1970.
[36] Camassa R, Holm D D. An integrable shallow water equation with peaked solitons. *Phys. Rev. Lett.*, 1993, **71**(11): 1661-1664.
[37] Kraenkel R A, Zenchuk A. Camassa-Holm equation: transformation to deformed sinh-Gordon equations, cuspon and soliton solutions. *J. Phys. A: Math. Gen.*, 1999, **32**(25): 4733-4748.

[38] Ferriera M C, Kraenkel R A, Zenchuk A. Soliton-Cuspon interaction for the Camassa-Holm equation. *J. Phys. A: Math. Gen.*, 1999, **32**(49): 8665-8670.

[39] Beals R, Sattinger D H, Szmigielski J. Peakon-antipeakon interaction. *J. Nonl. Math. Phys.*, 2001, **8**: 23-27.

[40] Qian T F, Tang M Y. Peakons and periodic cus waves in ageneralized Camassa-Holm equation. *Chaos, Solitons & Fractals*, 2001, **12**: 1347-1360.

[41] Liu Z R, Qian T F. Peakons of the Camassa-Holm equation. *Appl. Math. Modelling*, 2002, **26**: 473-480.

[42] Schiff J. The Camassa-Holm equation: a loop group approach. *Physica. D*, 1998, **121**(1-2): 24-43.

[43] Boyd J P. Peakons and coshoidal waves: travelling wave solutions of the Camassa-Holm equation. *Appl. Math. Comput.*, 1997, **81**: 173-181.

[44] 郑春龙,张解放.(2+1)维 Camassa-Holm 方程的相似约化与解析解.物理学报, 2002, **51** (11): 2426-2430.

[45] Cooper F, Shepard H. Solitons in the Camassa-Holm shallow water equation. *Phys. Lett.* A, 1994, **194**: 246-251.

[46] Rosenau P, Hyman J, Compactons-solitons with finite wavelength. *Phys. Rev. Lett.*, 1993, **70**(5): 564-567.

[47] Rosenau P. Nonlinear dispersion and compact structures. *Phys. Rev. Lett.*, 1993, **73**(9): 1737-1741.

[48] Cooper F, Rosenau P, Hyman J M, Compacton solutions in a class of generalized fifth-order KdV equation. *Phys. Rev. E*, 2001, **64**: 026608-026620.

[49] Rosenau P. Compact and compact dispersive patterns. *Phys. Lett. A*, 2000, **275**: 193-203.

[50] Wazwaz A M. Compactons and solitary patterns structures for variants of the KdV and the KP nequations. *Appl. Math. Comput.*, 2003, **139**: 37-43.

[51] Wazwaz A M. Compactons dispersive structures for variants of the $K(n,m)$ and the KP nequations. *Chaos, Solitons & Fractals*, 2002, **13**: 1053-1062.

[52] Wazwaz A M. New solitary-wave special solutions with compact support for the nonlinear dispersive $K(n, m)$ equations. *Chaos, Solitons & Fractals*, 2002, **13**: 321-330.

[53] Yan Z Y. New families of solitons with compact support for Boussinesq-like $B(m, n)$ equations with fully nonlinear dispersion. *Chaos, Solitons & Fractals*, 2002, **14**: 1151-1158.

[54] Yan Z Y. New families of exact solitary pattern solutions for the nonlinearly dispersive $R(m, n)$ equations. *Chaos, Solitons & Fractals*, 2003, **15**: 891-896.

[55] Lou S Y. (2+1)-dimensional compacton solutions with and without completely elastic interaction properties, 2002, *J. Phys. A: Math. Gen.*, **35**: 10619-10628.

[56] Konno K, Ichikawa Y, Wadati M. A loop soliton propagating along a stretched rope. *J. Phys. Soc. Jpn.*, 1981, **50**(3): 1025-1026.

[57] Vakhnenko V O, Parkes E J. The two loop soliton solution of the Vakhnenko equation, *Nonlinearity*, 1998, **11**(6): 1457-1464.

[58] Morrison A J, Parkes E J, Vakhnenko V O, The N loop soliton solution of the Vakhnenko equation. *Nonlinearity*, 1999, **12**(5): 1427-1437.

[59] Tang X Y, Lou S Y, Zhang Y, Localized exicitations in (2+1)-dimensional systems. *Phys. Rev. E.*, 2002, **66**: 046601 - 0466017.

[60] Verosky J M. Negative powers of olver recursion operators, *J. Math. Phys.*, 1991, **32**(7): 1733 - 1736.

[61] Nimmo J J C. A class of solutions of the Konopelchenko-Rogers equations. *Phys. Lett. A*, 1992, **168**(2): 113 - 119.

[62] Calogero F, Degasperis A, Xiaoda J. Nonlinear Schrodinger-type equations from multiscale reduction of PDEs. I. Systematic derivation. *J. Math. Phys.*, 2000, **41**(9): 6399 - 6443.

[63] Calogero F, Degasperis A, Xiaoda J, Nonlinear Schrodinger-type equations from multiscale reduction of PDEs. II. Necessary conditions of integrability for real PDEs. *J. Math. Phys.*, 2001, **42**(6): 2635 - 2652.

[64] Wang S, Tang X Y, Lou S Y, Soliton fission and fusion: Burgers equation and Sharma-Tasso-Olver equation. *Chaos, Solitons & Fractals*, 2004, **21**: 231 - 239.

[65] Zheng C L, Chen L Q, Peakon, compacton and loop excitations with periodic behavior in KdV type models related to Schrödinger system. *Phys. Lett. A*, 2005.

[66] Dhillon H S, Kusmartsev F V, Kurten K E. Fractal and chaotic solutions of the discrete nonlinear Schrödinger equation in classical and quantum systems. *J. Nonl. Math. Phys.*, **8** (2001): 38 - 49.

[67] Tang X Y, What will happen when a dromion meets with a ghoston? *Phys. Lett. A*, 2003, **314**: 286 - 291.

[68] Fringer, Holm D D. Integrable vs. nonintegrable geodesic

solition behavior. *Physica D*, 2001, **150**: 237-263.

[69] Lou S Y, (2+1)-dimensional compacton solutions with and without completely elastic interaction properties. *J. Phys. A: Math. Gen.*, 2002, **35**: 10619-10628.

[70] Tang X Y, Lou S Y, Zhang Y, (1+1)-dimensional turbulent and chaotic systems re duced from (2+1)-dimensional Lax integrable dispersive long wave equation. *Commun. Theor. Phys.*, 2003, **39**: 129-134.

[71] Akylas T R. Three-dimensional long water-wave phenomena, *Annu. Rev. Fluid Mech.*, 1994, **26**: 191-210.

[72] Lou S Y, Hu H C, Tang X Y. Interactions among periodic waves and solitary waves of the (N+1)-dimensional sine-Gordon field. *Phys. Rev. E*, 2005, **71**: 036604-036611.

[73] 郝柏林著. 从抛物线谈起——混沌动力学引论. 上海科学技术出版社, (1993).

[74] 王树禾. 微分方程模型和混沌, 中国科学技术大学出版社, (1999).

[75] Wiggins S. Nonlinear dynamical systems and choas, Springer-Verlag, (1991).

[76] Lorenz E N. Deterministic nonperiodic flow, *Journal of Atmospheric Sciences*, 1963, **20**: 130-141.

[77] 方锦清. 非线性系统中混沌控制方法、同步原理及其应用前景, 物理学进展, 1996, **16**(1): 1-23; **16**(2): 137-160.

[78] Peak D, Frame M. Chaos under control, New York: Freeman, (1994).

[79] 王东生等. 混沌、分形及其应用, 中国科学技术大学出版社, (1999).

[80] Wiggins S. Introduction to applied nonlinear dynamical

systems and choas, Springer-Verlag, World Publishing Corp., (1990).

[81] 曼德布罗特. 分形对象-形、机遇与维数,北京图书出版公司,(1999).

[82] Mandelbrot B B. The fractal geometry of nature, San Francisco, California: Freeman, (1982).

[83] Leach J, Padgett M J, Courtial J. Fracals in pixellated video feedback. *Contemporary Physiscs*, 2003, **44**(2): 137-143 and references therein.

[84] 杨展如. 分形物理学,上海科技教育出版社,(1996).

[85] Gwinn E G, Westervelt R M. Fractal basin boundaries and intermittency in the driven damped pendulum. *Phys. Rev. A*, 1986, **33**: 431-434.

[86] Zhang S L, Wu B, Lou S Y, Painleve analysis and special solutions of generalized Broer Kaup equations, Phys. Lett. A, 2002, **300**: 40-48.

[87] Kadomtsev B B, Petviashavili VI. On the stability of solitary waves in weakly dispersing media, Sov. Phys. Dokl., **15**(1970): 539; Johnson R S, Water waves and Korteweg-de Vries equations, *J. Fluid Mech.*, **97**(1980): 701.

[88] Radha R, Lakshmanan M. Dromions like structures in the (2+1)-dimensional breaking soliton systems, Phys. Lett. A, 1995, **197**: 7-12.

[89] Nizhnik L P, Sov. Phys. Dolk., **25** (1980): 706; Veselov A P and Novikov S P, Sov. Math. Dolk., **30** (1984): 588; Novikov S P and Veselov A P, Physica D, **18** (1986): 267.

[90] Radha R, Lakshmanan M. Singularity analysis and localized coherent structures in (2+1)-dimensional generalized

Korteweg-de Vries equations, *J. Math. Phys.*, 1994, **35**(9): 4746 - 4756.

[91] Boiti M, Leon J P P, Manna M, Peminelli F. On the spectral transform of a Korteweg-de Vries equation in two spatial dimensions. *Inverse problems*, 1986, **2**: 271 - 279.

[92] Boiti M, Leon J P P, Manna M, Peminelli F. On a spectral transform of a KDV-like equation related to the Schrodinger operator in the plane. *Inverse problems*, 1987, **3**: 25 - 36.

[93] Grimshaw R. Evolution equations for weakly nonlinear, long internal waves in a rotating fluid, *Stud. Appl. Maths.*, 1985, **73**: 1 - 67.

[94] Grimshaw R and Melville W K., On the derivation of the modified KP equation, *Stud. Appl. Maths.*, 1989, **80**: 183 - 258.

[95] Johnson R S. A two-diemnsional Boussinesq equation for water wavesand some of its solutions. *J. Fluid Mech.*, 1996, **323**: 65 - 73.

[96] Wu Y, Zhang J E. On modeling nonlinear long waves, SIAM, In Mathematics for Solving Problems, Edited by Cook P, Roytburd V, and Tulin M, 233, (1996).

[97] Davey A, Stewartson K. *Proc. R. Soc. A*, 1974, **338**: 101 - 109.

[98] Zakharov V E and Shabat A B, Exact theory of two-dimensional self focusing and one-dimensional self modulation of waves in nonlinear media. *Soviet Physics JETP*, 1972, **34**: 62 - 69.

[99] Okiawa M, Okamura M, and Funakoshi M, Two-dimensional resonant interaction between long and short waves, J. Phys. Soci. Jpn., 1989, **58**: 4416 - 4429.

[100] Kraenkel R A, Zenchuk A. Two-dimensional integrable generalization of the Camassa-Holm equation. *Phys. Lett. A*, 1999, **260**(9): 218－224.

[101] Ludlow D K, Clarkson P A, Bassom A P. Similarity reductions and exact solutions for the two-dimensional incompressible Navier-Stockes equations. *Studies in Appl. Math.*, 1999, **103**: 183－208.

[102] Fokas A S. On the simplest integrable equation in 2＋1. *Inverse Problems*, 1994, **10**: L19－L22.

[103] Radha R, Lakshmanan M. Localized coherent structures and integrability in a generalized (2＋1)-dimensional nonlinear schrödinger equation, *Chaos, Solitons & Fractals*, 1997, **8**, 17－25.

[104] Lou S Y, Lu J Z. Special solutions from variable separation approach: Davey-Stewartson equation. *J. Phys. A: Math. Gen.*, 1996, **29**: 4209－4215.

[105] Tang X Y, Lou S Y. Extended multilinear variable separation approach and multivalued localized excitations for some (2＋1)-dimensional integrable systems. *J. Math. Phys.*, 2003, **44**(9): 4000－4025.

[106] Hu H C, Tang X Y, Lou S Y, Liu Q P. Variable separation solutions obtained from Darboux transformations for the asymmetric Nizhnik-Novikov-Veselov system. *Chaos, Solitons & Fractals*, 2004, **22**: 327－334.

[107] Tang X Y, Lin J, Qina X M, Lou S Y. A new kind of localized excitations for a large class of (2＋1)-dimensional systems. *Int. J. Mod. Phys. B*, 2003, **17**: 4343－4348.

[108] Tang X Y, Lou S Y, Variable separation solutions for the (2＋1)-dimensional Burgers equations. *Chin. Phys. Lett.*,

2003,**3**: 335-337.

[109] Tang X Y, Lou S Y. Folded dolitary waves and foldons in (2+1)-dimensions. *Commun. Theor. Phys.*, 2003, **40**: 62-66.

[110] Tang X Y, Chen C L, Lou S Y. Localized solutions with chaotic and fractal behaviours in a (2+1)-dimensional dispersive long-wave system. *J. Phys. A: Math. Gen.*, 2002,**35**: L293-L301.

[111] Tang X Y, Lou S Y. Abundant coherent structures of the dispersive long-wave equation in (2+1)-dimensional spaces. *Chaos, Solitons & Fractals*, 2002, **14**: 1451-1456.

[112] Tang X Y, Lou S Y. A variable separation approach for integrable and nonintegrable models: coherent structures of (2+1)-dimensional KdV equation. *Commun. Theor. Phys.*, 2002, **38**: 1-8.

[113] Chen C L, Tang X Y, Lou S Y. Exact solutions of (2+1)-dimensional dispersive long wave equation. *Phys. Rev. E.*, 2002, **66**: 036605-036612.

[114] Lou S Y, Tang X Y, Chen C L. Fractal solutions of the Nizhnik-Novikov-Veselov equation. *Chin. Phys. Lett.*, 2002, **19**: 769-771.

[115] Lou S Y, Tang X Y, Qian X M, Chen C L, J Lin, Zhang S L. New localized excitations in (2+1)-dimensional Intergrable systems. *Mod. Phys. Lett. B*, 2002, **28**: 1075-1079.

[116] Lou S Y, Chen C L, Tang X Y. (2+1)-dimensional (M+N)-component AKNS system: Painleve integrability, infinitely many symmetries and similarity reductions. *J. Math. Phys.*, 2002, **43**: 4078-4109.

[117] Lou S Y, Tang X Y, Lin J. Exact solutions of the coupled KdV system via a formally variable separation approach, Commun. *Theor. Phys.*, 2001, **36**: 145-148.

[118] Lou S Y, Lin J, Tang X Y, Painlevé integrability and multi-dromion solutions of the (2+1)-dimensional AKNS system. *Eur. Phys. J. B.*, 2001, **22**: 473-478.

[119] Lou S Y, J. Yu, Tang X Y. Higher dimensional integrable models from lower ones via Miura type deformation relation, Z. Naturforsch., 2000, **55a**: 867-876.

[120] Zheng C L, Zhang J F. General solution and fractal localized structures for the (2+1)-dimensional generalized Ablowitz-Kaup-Newell-Segur system. *Chinese Physics Letters*, 2002, **19**(10): 1399-1402.

[121] Zheng C L, Zhang J F, Wu F M, Sheng Z M, Chen L Q, Solitons in a (2+1)-dimensional generalized Abowitz-Kaup-Newell-Sugur system. *Chinese Physics*, 2003, **12**(5): 472-478.

[122] Zheng C L, Zhang J F. General excitation and fractal localized structures of the (2+1)-dimensional generalized perturbed AKNS system. *Communications in Theoretical Physics*, 2003, **39**(1): 9-14.

[123] Hirota R. Exact solution of korteweg-de vries equation for multiple collisions of solitons. *Phys. Rev. Lett.*, 1971, **27**(18): 1192-1194.

[124] Zheng C L, Zhu H P, Chen L Q. Exact solution and semifolded localized excitations of (2+1)-dimensional generalized Broer-Kaup system in (2+1)-dimensions. *Chaos, Solitons and Fractals*, 2005, **26**(1): 187-194.

[125] Zheng C L, Chen L Q, Semifolded localized coherent

structures in generalized (2+1)-dimensional Korteweg de Vries system. *Journal of Physical Society of Japan*, 2004, **73**(2): 293 - 295.

[126] Zheng C L, Zhang J F, Sheng Z M. Chaos and fractals in a soliton system. *Chinese Physics Letters*, 2003, **20**(3): 331 - 334.

[127] Zheng C L. Coherent solition structures with chaotic and fractal behaviors in a generalized (2+1)-dimensional Korteweg-de Vires system. *Chinese Journal of Physics*, 2003, **41**(10): 442 - 454.

[128] Zheng C L, Chen L Q, New localized excitations in (2+1)-dimensional generalized Nozhnik-Novikov-Veselov system. *Chinese Journal of Physics*, 2005, **43**(3): in press.

[129] Zhang J F, Zheng C L. Abundant localized coherent structures of the (2+1)-dimensional generalized NNV system. *Chinese Journal of Physics*, 2003, **41**(3): 242 - 253.

[130] 郑春龙,方建平,陈立群. (2+1)维 Boiti-Leon-Pempinelli 系统的钟状和峰状圈孤子. 物理学报, 2005, **54**(4): 1468 - 1475.

[131] Zheng C L, Fang J P, Chen L Q. Soliton fission and fusion in (2+1)-dimensional Boiti-Leon-Pempinelli system. *Communications in Theoretical Physics*, 2005, **43**(4): 681 - 686.

[132] Lu Z S, Zhang H Q. Soliton like and multi-soliton like solutions of (2+1)-dimensional Boiti-Leon-Pempinelli equation. *Chaos, Solitons & Fractals*, 2004, **19**: 527 - 531.

[133] Zheng C L, Sheng Z M. Localized coherent soliton

structures for a (2+1)-dimensional generalized Schrödinger system. *International Journal of Modern Physics B*, 2003, **17**(22 - 24): 4407 - 4414.

[134] Zheng C L, Zhang J F, Sheng Z M, Huang W H. Exact solution and exotic coherent soliton structures of the (2+1)-dimensional nonlinear Schrödinger equation. *Chinese Physics*, 2003, **12**(1): 11 - 16.

[135] Zheng C L, Zhang J F, Chen L Q. Folded localized excitations in a generalized (2 + 1)-dimensional perturbed nonlinear Schrödinger system. *Communications in Theoretical Physics*, 2003, **40**(4): 385 - 389.

[136] Zheng C L, Zhu J M, Zhang J F, Chen L Q. Fractal dromion, fractal lump and multiple peakon excitations in a new (2 + 1)-dimensional long dispersive wave system. *Communications in Theoretical Physics*, 2003, **39**(3): 261 - 266.

[137] Zhang J F, Zheng C L, Meng J P, Fang J P. Chaotic dynamic behavior in soliton solutions for a new (2 + 1)-dimensional long dispersive wave system. *Chinese Physics Letters*, 2003, **20**(4): 448 - 451.

[138] Zheng C L, Chen C Q, Solitons with fission and fusion behaviors in a variable coefficient Broer-Kaup sysem. *Chaos, Solitons & Fractals*, 2005, **24**(5): 1347 - 1351.

[139] Zheng C L, Zhang J F, Huang W H, Chen L Q. Peakon and foldon excitations in a (2 + 1)-dimensional breaking soliton system. *Chinese Physics Letters*, 2003, **20**(6): 783 - 786.

[140] Zheng C L. Localized coherent structures with chaotic and fractal behaviors in a modified (2 + 1)-dimensional long

dispersive wave system. *Communications in Theoretical Physics*, 2003, **40**(1): 25 - 32.

[141] Zheng C L. Variable separation approach to solve (2+1)-dimensional generalized Burgers system: solitary wave and Jacobin periodic wave excitations. *Communications in Theoretical Physics*, 2004, **41**(3): 391 - 396.

[142] Zheng C L. Interactions among peakons, dromions, and compactons for a (2+1)-dimensional soliton system. *Communications in Theoretical Physics*, 2004, **41**(4): 513 - 520.

[143] Zhang J F, Meng Jian-Ping, Zheng C L, Huang W H. Folded solitary waves and foldons in the (2+1)-dimensional breaking soliton equation. *Chaos, Solitons & Fractals*, 2004, **20**(5): 523 - 527.

[144] Zheng C L, Chen L Q, Zhang J F. Multivalued solitary waves in multidimensional soliton system. *Chinese Physics*, 2004, **13**(5): 592 - 597.

[145] Fang J P, Zheng C L, Chen L Q. Semifolded localized structres in three-dimensional soliton systems. *Communications in Theoretical Physics*, 2004, **42**(2): 175 - 179.

[146] Ma Z Y, Zhu J M, Zheng C L. Fractal localized structures related to Jacobian elliptic functions in the high-order Broer-Kaup system. *Chinese Physics*, 2004, **13**(9): 1382 - 1385.

[147] 朱加民，马正义，郑春龙. (2+1)维 Broer-Kaup 方程的分形局域结构. 物理学报，2004，**53**(10)：3248 - 3251.

[148] Zheng C L, Fang J P, Chen L Q. Evolution property of multisoliton excitations for a higher dimensional coupled Burgers system. *Communications in Theoretical Physics*,

2004，**41**(6)：903－906.

[149] Zheng C L，Huang W H，Zhang J F. General excitations and exotic localized coherent structures for a (2＋1)-dimensional generalized Davey-Stewarson system. *Communications in Theoretical Physics*，2002，**38** (6)：653－656.

[150] Zhang J F，Huang W H，Zheng C L. Exotic localized coherent structures of new (2＋1)-dimensional soliton equation. *Communications in Theoretical Physics*，2002，**38** (5)：517－522.

[151] 张解放，黄文华，郑春龙. 一个新(2＋1)维非线性演化方程的相干孤子结构. 物理学报，2002，**51** (12)：2676－2682.

[152] Ma Z Y，Zhu J M，Zheng C L. New fractal localized structures in Boiti-Leon-Pempinelli system. *Communications in Theoretical Physics*，2004，**42**(4)：521－523.

[153] Zhang J F，Zheng C L. New multi-soliton solutions of the (2＋1)-dimensional breaking soliton equations. *International Journal of Modern Physics B*，2003，**17**(22－24)：4376－4381.

[154] Maccari A. Chaos，solitons and fractals in the nonlinear Dirac equation. *Physics Letters A*，2005，**336**：117－125.

[155] Toda M. Theory of Nonlinear Lattices，Springer Verlag，Berlin，Germany，(1981)；Toda M，Vibration of a chain with nonlinear interaction. *J. Phys. Sco，Japan*，1967，**22a**：431－436.

[156] Parkes E J. Exact solutions to the two-dimensional Korteweg-de Vries-Burgers equation. *J. Phys. A: Math. Gen.*，1994，**27**：L497－L501.

[157] Parkes E J，Duffy B R. Travelling solitary wave solutions to a compound KdV-Burgers equation. *Phys. Lett. A*，1997，

229(19)：217 – 220.

[158] Fan E G. Soliton solutions for a generalized Hirota-Satsuma coupled KdV equation and a coupled MKdV equation. *Phys. Lett. A*，2001，**282**(9)：18 – 22.

[159] Fan E G，Hon Y C，Double periodic solutions with Jacobi elliptic functions for two generalized Hirota-Satsuma coupled KdV systems. *Phys. Lett. A*，2002，**292**(14)：335 – 337.

[160] Dai C Q，Yang Q，Zhang J F. New exact travelling wave solutions of the discrete sine-Gordon equation. *Z. Naturforsch.*，2004，**59a**：635 – 639，and references therein.

[161] 朱加民，马正义，郑春龙. 改进的双曲函数法和 Hybrid-Lattice 系统与 Ablowitz-Ladik-Lattice 系统的新解探索. 物理学报，2005，**54** (2)：483 – 489.

[162] Ma Z Y，Zhu J M，Zheng C L. Solitary wave and periodic wave solutions for the relativistic Toda lattices. *Communications in Theoretical Physics*，2005，**43**(1)：27 – 30.

[163] Zhu J M，Ma Z Y，Fang J P，Zheng C L. General Jacobian elliptic function expansion method and its applications. *Chinese Physics*，2004，**13**(6)：798 – 804.

[164] Zhu J M，Ma Z Y. An extended Jacobian elliptic function method for the discrete mKdV lattice. *Chinese Physics*，2005，**14**(1)：17 – 20.

[165] Bridges T J，Fan E G. Solitary waves，periodic waves，and a stability analysis for Zufiria's higher-order Boussinesq model for shallow water waves. *Physics Letters A*，2004，**326**：381 – 390.

[166] Hon Y C，Fan E G. A series of new exact solutions for a

complex couples KdV system. *Chaos*, *Solitons* & *Fractals*, 2004, **19**: 515 - 525.

[167] Hon Y C, Fan E G. Solitary wave and doubly periodic wave solutions for the Kersten Krasil'shchik coupled KdV mKdV system. *Chaos*, *Solitons* & *Fractals*, 2004, **19**: 1141 - 1146.

[168] Darwish A and Fan E G. A series of new explicit exact solutions for the coupled Klein Gordon-Schrödinger equations. *Chaos*, *Solitons* & *Fractals*, 2004, **20**: 609 - 617.

[169] Zheng C L, Chen L Q, A general mapping approach and new traveling wave solutions to (2 + 1)-dimensional Boussinesq equation. *Communications in Theoretical Physics*, 2004, **41**(5): 671 - 674.

[170] Zhu J M, Zheng C L, Ma Z Y. A general mapping approach and new traveling solutions to general variable coefficient KdV equation. *Chinese Physics*, 2004, **13**(12): 2008 - 2012.

[171] Zheng C L, Fang J P, Chen L Q. Localized excitations with and without propagating properties in (2 + 1)-dimensions obtained by a mapping approach. *Chinese Physics*, 2005, **14** (4): 676 - 682.

[172] Fang J P, Zheng C L, Liu Q. Nopropagating solitons in dispersive long-water wave system system. *Communications in Theoretical Physics*, 2005, **43**(2): 245 - 250.

[173] Zheng C L, Fang J P, Chen L Q. New variable separation excitations of (2 + 1)-dimensional dispersive long-water wave system obtained by an extended mapping approach. *Chaos*, *Solitons* & *Fractals*, 2005, **23**(5): 1741 - 1748.

[174] Zheng C L, Fang J P, Chen L Q. Localized excitations in (2+1)-dimensions obtained by a mapping approach. *Chinese Journal of Physics*, 2005, **43** (1): 17 - 25.

[175] Zheng C L, Fang J P, Chen L Q. New variable separation excitations of a (2+1)-dimensional Broer-Kaup-Kupershmidt system obtained by an extended mapping approach. *Z. Naturforsch. A*, 2004, **59** (12): 912 - 918.

[176] 方建平，郑春龙，朱加民. (2+1)维 Boiti-Leon-Pempinelli 系统的变量分离解及其方形孤子和分形孤子. 物理学报，2005，**54** (7).

[177] Zheng C L. Variable separation solutions of generalized Broer-Kaup system via a projective method. *Communications in Theoretical Physics*, 2005, **44** (1).

[178] Fang J P, Zheng C L. New exact solutions and fractal patterns generalized Broer-Kaup system in (2+1)-dimensions via an extended mapping method. *Chaos, Solitons & Fractals*, 2005.

[179] Fang J P, Ren Q B, Zheng C L. New exact solutions and fractal localized structures for the (2+1)-dimensional Boiti-Leon-Pempinelli system. *Z. Naturforsch.*, 2005, **60a**(4): 245 - 251.

[180] Fang J P, Zheng C L. New exact excitations and solitons fission and fusion in (2+1)-dimensional Broer-Kaup-Kupershmidt system. *Chinese Physics*, 2005, **14**(4): 669 - 675.

[181] Lu F, Lin Q, Knox W H, Agrawal G P. Vector soliton fission. *Phys. Rev. Lett.*, 2004, **93**(18): 183901 - 183904.

[182] White B S, Forsberg B. On the chance of freak waves at sea. *J. Fluid Mech.*, 1998, **355**: 113 - 138.

[183] Osborne A R, Onorato M, Serio M. The nonlinear dynamics of rouge waves and holes in deep water gravity wave trains. *Phys. Lett. A*, 2000, **275**: 386 - 393.

[184] Shunyaev A, Kharif C, Pelinovsky E, Talipova T. Nonlinear wave focusing on water of finite depth. *Physica D*, 2002, **173**: 77 - 96.

[185] Onorato A R, Serio M. Extreme wave events in directional, random oceanic sea states. *Phys. Fluid*, 2002, **14**: 25 - 28.

[186] Baldock T E, Swan C. Extreme waves in shallow and intermediate water depths. *Coastal Engineering*, 1996, **27**: 21 - 46.

[187] Smith S F, Swan C. Extreme two-dimensional water waves: an assessment of potential design solution. *Ocean Engineering*, 2002, **29**: 387 - 416.

[188] Gottwald G, Grimshaw R, The formation of coherent structures in the context of blocking. *J. Atmos. Sci.*, 1998, **56**: 3640 - 3662.

[189] Peterson P, van Groesen E. A direct and inverse problem for wave crests modelled by interaction of two solitons. *Physica D*, 2000, **141**: 316 - 332.

[190] Peterson P, Soomere T, Engelbrcht J, van Groesen E. Soliton interaction as a possible model for extreme waves in shallow water. *Nonlinear Processes in Geophysics*, 2003, **10**: 503 - 510.

攻读博士期间发表的论文

1. Zheng Chunlong，Chen Liqun. Solitons with fission and fusion behaviors in a variable coefficient Broer-Kaup sysem，*Chaos*，*Solitons & Fractals*，2005，**24**(5)：1347－1351.
2. Zheng Chunlong，Chen Liqun. Semifolded localized coherent structures in generalized (2+1)-dimensional Korteweg de Vries system. *Journal of Physical Society of Japan*，2004，**73**(2)：293－295.（IDS：778AD).
3. Zheng Chunlong，Chen Liqun. A general mapping approach and new traveling wave solutions to (2+1)-dimensional Boussines qequation. *Communications in Theoretical Physics*，2004，**41**(5)：671－674.（IDS：825DR).
4. Zheng Chunlong，Chen Liqun. Peakon，compacton and loop excitations with periodic behavior in KdV type models. *Phys. Lett. A*，2005，(PLA14404) in press.
5. Zheng Chunlong，Chen Liqun，Zhang Jiefang. Multivalued solitary waves in multidimensional soliton system. *Chinese Physics*，2004，**13**(5)：592－597.（IDS：818VC).
6. Zheng Chunlong，Fang Jianping，Chen Liqun. New variable separation excitations of (2+1)-dimensional dispersive long-water wave system obtained by an extended mapping approach. *Chaos*，*Solitons & Fractals*，2005，**23**(5)：1741－1748.（IDS：877BJ).
7. Zheng Chunlong，Zhu Haiping，Chen Liqun. Exact solution and semifolded structures of generalized Broer-Kaup system in (2+

1)-dimensions. *Chaos, Solitons & Fractals*, 2005,**26**(1): 187-194.

8. Zheng Chunlong, Fang Jianping, Chen Liqun. New variable separation excitations of a (2+1)-dimensional Broer-Kaup-Kupershmidt system via an extended mapping approach. *Z. Naturforsch.*, 2004, **59a** (12):912-918.
9. Zheng Chunlong. Fang Jianping, Chen Liqun. Localized excitations in (2+1)-dimensions obtained by a mapping approach. *Chinese Journal of Physics*, 2005,**43** (1): 17-25.
10. Zheng Chunlong, Fang Jianping, Chen Liqun, Soliton fission and fusion in (2+1)-dimensional Boiti-Leon-Pempinelli system. *Communications in Theoretical Physics*, 2005, **43** (4): 681-686.
11. Zheng Chunlong, Fang Jianping, Chen Liqun. Localized excitations with and without propagating properties in (2+1)-dimensions obtained by a mapping approach. *Chinese Physics*, 2005,**14** (4): 676-682.
12. 郑春龙，方建平，陈立群. (2+1)维 Boiti-Leon-Pempinelli 系统的钟状和峰状圈孤子. 物理学报，2005，**54** (4): 1468-1475.
13. Zheng Chunlong, Fang Jianping, Chen Liqun. Evolution property of multisoliton excitations for a higher dimensional coupled Burgers system. *Communications in Theoretical Physics*, 2004, **41**(6): 903-906. (IDS: 834JZ).
14. Fang Jianping, Zheng Chunlong, Chen Liqun. Semifolded localized structres in three-dimensional soliton systems. *Communications in Theoretical Physics*, 2004, **42**(2): 175-179. (IDS: 849YC).
15. Zheng Chunlong, Zhang Jiefang, Huang Wenhua, Chen Liqun. Peakon and foldon excitations in a (2+1)-dimensional breaking

soliton system. *Chinese Physics Letters*, 2003, **20**(6): 783 - 786. (IDS: 692QM).

16. Zheng Chunlong, Zhang Jiefang, Wu Fengming, Sheng Zhengmao, Chen Liqun. Solitons in a (2+1)-dimensional generalized Abowitz-Kaup-Newell-Sugur system. *Chinese Physics*, 2003, **12**(5): 472 - 478. (IDS: 682HR).
17. Zheng Chunlong, Zhu Jiamin, Zhang Jiefang, Chen Liqun. Fractal dromion, fractal lump and multiple peakon excitations in a new (2+1)-dimensional long dispersive wave system. *Communications in Theoretical Physics*, 2003, **39** (3): 261 - 266. (IDS: 661LZ).
18. Zheng Chunlong, Zhang Jiefang, Chen Liqun. Folded localized excitations in a generalized (2+1)-dimensional perturbed nonlinear Schrödinger system. *Communications in Theoretical Physics*, 2003, **40** (4): 385 - 389. (IDS: 746MF).
19. Fang Jianping, Ren Qingbao, Zheng Chunlong. New exact solutions and fractal localized structures for the (2+1)-dimensional Boiti-Leon-Pempinelli system, *Z. Naturforsch.*, 2005, **60a**(4): 245 - 251.
20. Ma Zhengyi, Zhu Jiamin, Zheng Chunlong. Solitary wave and periodic wave solutions for the relativistic Toda lattices. *Communications in Theoretical Physics*, 2005, **43**(1): 27 - 30.
21. 朱加民,马正义,郑春龙.改进的双曲函数法和 Hybrid-Lattice 系统与 Ablowitz-Ladik-Lattice 系统的新解探索,物理学报,2005, **54**(2): 483 - 489.
22. Fang Jianping, Zheng Chunlong, Liu Qin. Nopropagating solitons in dispersive long-water wave system system. *Communications in Theoretical Physics*, 2005, **43**(2): 245 - 250.

23. Zheng Chunlong. Variable separation approach to solve(2+1)-dimensional generalized Burgers system : solitary wave and Jacobian periodic wave excitations. *Communications in Theoretical Physics*, 2004, **41**(3): 391 - 396. (IDS: 807UQ).
24. Zheng Chunlong, Interactions among peakons, dromions, and compactons for a (2 + 1)-dimensional soliton system. *Communications in Theoretical Physics*, 2004, **41**(4): 513 - 520. (IDS: 816ZI).
25. Zhang Jiefang, Meng Jianping, Zheng Chunlong, Huang Wenhua. Folded solitary waves and foldons in the (2 + 1)-dimensional breaking soliton equation. *Chaos, Solitons & Fractals*, 2004, **20**(5): 523 - 527. (IDS: 759PC).
26. Zhu Jiamin, Ma Zhengyi, Fang Jianping, Zheng Chunlong. General Jacobian elliptic function expansion method and its applications. *Chinese Physics*, 2004, **13**(6): 798 - 804. (IDS: 830UZ).
27. Ma Zhengyi, Zhu Jiamin, Zheng Chunlong. Fractall ocalized structures related to Jacobian elliptic functions in the high-order Broer-Kaup system. *Chinese Physics*, 2004, **13**(9): 1382 - 1385. (IDS: 850YM).
28. 朱加民,马正义,郑春龙.(2+1)维 Broer-Kaup 方程的分形局域结构.物理学报,2004,**53**(10):3248 - 3251.(IDS: 861MR).
29. Ma Zhengyi, Zhu Jiamin, and Zheng Chunlong. New Fractal localized structures in the Boiti-Leon-Pempinelli system. *Communications in Theoretical Physics*, 2004, **42**(4): 521 - 523. (IDS: 863XN).
30. Zhu Jiamin, Zheng Chunlong, and Ma Zhengyi. A general mapping approach and new traveling solutions to general variable coefficient KdV equation. *Chinese Physics*, 2004,

13(12): 2008 - 2012. (IDS: 877EI).

31. Zheng Chunlong, Sheng Zhengmao. Localized coherent soliton structures for a (2+1)-dimensional generalized Schrödinger system. *International Journal of Modern Physics B*, 2003, **17**(22 - 24): 4407 - 4414. (IDS: 743DM).
32. Zheng Chunlong. Localized coherent structures with chaotic and fractal behaviors in a modified (2+1)-dimensional long dispersive wave system. *Communications in Theoretical Physics*, 2003, **40**(1): 25 - 32. (IDS: 706WZ).
33. Zheng Chunlong. Coherent solition structures with chaotic and fractal behaviors in a generalized (2+1)-dimensional Korteweg-de Vires system. *Chinese Journal of Physics*, 2003, **41** (10): 442 - 454. (IDS: 733UL).
34. Zhang Jiefang, Zheng Chunlong. New multi-soliton solutions of the (2+1)-dimensional breaking soliton equations. *International Journal of Modern Physics B*, 2003, **17**(22 - 24): 4376 - 4381. (IDS: 743DM).
35. Fang Jianping, Zheng Chunlong. New exact excitations and solitons fission and fusion in (2+1)-dimensional Broer-Kaup-Kupershmidt system. *Chinese Physics*, 2005, **14**(4): 669 - 675.
36. Fang Jianping, Zheng Chunlong. New exact solutions and fractal patterns generalized Broer-Kaup system in (2+1)-dimensions via a extended mapping method. *Chaos, Solitons & Fractals*, 2005.
37. Zheng Chunlong, Zhang Jiefang, Xu Changzhi, Chen Liqun. Solitons with periodic behavior in Korteweg-de Vries models related to Schrödinger system. *Communications in Theoretical Physics*, 2005, **43**(6).
38. Zheng Chunlong, Chen Liqun. On semifolded localized

structures in (2 + 1)-dimensional BLP sysem. *Applied Mathematics and Mechanics*, 2004.

39. Zheng Chunlong, Chen Liqun. New localized excitations in (2+1)-dimensional generalized Nozhnik-Novikov-Veselov system. *Chinese Journal of Physics*, 2005, **43**(3), in press.

攻读博士期间申请的研究基金

(1) 浙江省自然科学研究基金《高维孤子系统的局域激发及其分形和混沌行为研究》(批准号:Y604106).

(2) 浙江省"新世纪 151 人才工程"基金 (批准号:2004263).

(3) 浙江省教育厅高等学校重点学科研究基金.

攻读博士期间获奖的科研项目

(1) 科研项目《三维非线性水波方程的孤波斑图结构及其动力学特性研究》获 2003 年度浙江省高校优秀科研成果一等奖.

(2) 科研项目《高维非线性孤子系统的局域激发模式研究》获 2004 年度浙江省高校优秀科研成果三等奖.

致　谢

本文是在导师陈立群教授的精心指导下完成的. 导师严谨求实的治学作风和孜孜以求的学术态度以及平易近人的学者风范给我留下了难忘的印象,对我的工作、学习和生活产生了深刻的影响并终生受益. 在攻读博士学位期间,导师给予了充分的信任、鼓励和支持,获得了很多方法论的指导和启发性的提示,对论文的选题、写作和修改不断地进行指点和帮助,提出了若干建设性的建议和宝贵的修改意见. 值此论文完成之际,我谨向三年来辛勤培育和关怀我的导师陈立群教授致以衷心的感谢!

感谢上海交通大学物理系楼森岳教授、复旦大学现代数学研究所范恩贵教授,浙江大学物理系盛正卯教授, 华东师范大学物理系黄国翔教授,浙江师范大学物理系张解放教授的学术讨论、交流、帮助和提供的文献资料!

感谢上海大学应用数学和力学研究所的戴世强教授、郭兴明教授、刘宇陆教授和卢志明博士对作者的关心和帮助!

感谢上海交通大学物理系唐晓艳博士、钱贤民博士、陈勇博士的有益讨论和提供的参考资料!

感谢浙江师范大学非线性物理中心吴锋民教授、林机教授, 浙江大学现代物理中心郑波教授、李有泉教授等所给予的诸多帮助和讨论!

感谢力学所业务科的麦穗一老师和资料室的秦志强老师提供的相关协助!

感谢课题组戈新生博士、傅景礼博士、薛云博士、赵维加博士、张宏彬博士、刘荣万博士、杨晓东博士、张志良博士、黄文华博士和其他师兄弟姐妹们的有意义讨论和支持帮助!

感谢浙江丽水学院朱土兴教授、谢林森教授、吕立汉教授、申世英教授、余德华教授及其他好友的帮助和支持!

感谢浙江丽水学院物理系方建平副教授、朱加民副教授、马正义博士、朱海平副教授、任清褒副教授、留庆副教授、周振春硕士、戴朝卿硕士、颜才杰硕士及其他成员的帮助和所做的有关工作!

感谢浙江省自然科学基金,浙江省“新世纪151人才工程”基金,浙江省教育厅重点学科研究基金的资助!

感谢妻子和女儿的关心、理解和大力支持,感谢父母的呵护和鼓励!

作者谨以此博士论文献给所有关心、帮助和支持过我的老师、朋友和亲人们!